Mente calm

Mente calma

Primeros auxilios para aliviar los bucles del pensamiento

Dra. Vanessa Benjumea

VERGARA

A mis hijos, que son mi todo. Gracias a ustedes descubrí el profundo significado de la palabra amor. Son los movilizadores de la continua transformación de mamá.

A mi esposo, por crecer de la mano y apoyarme en cuanta idea se me ocurre.

A mi mamá, por su amor infinito, ese que ahora dimensiono desde que «mi todo» llegó a mi vida.

A mi hermana, mi gran tesoro de ojos azules y nobles.

A mis pacientes, mis lectores y mi hermosa comunidad en redes sociales, por ser el combustible para esta reinvención.

A la Neurología, un amor a primera vista.

A mi niña interior, por entender y defender (a contracorriente) que la diferencia siempre hace la diferencia.

A la vida, por enseñarme que no existen imposibles.

Al universo, por tejer silenciosamente incontables hilos invisibles.

Papel certificado por el Forest Stewardship Council®

MIXTO
Papel | Apoyando la silvicultura responsable
FSC® C117695

Penguin Random House Grupo Editorial

Primera edición: octubre de 2025

Base para las ilustraciones: © Getty Images y Freepik
Diseño de las páginas interiores: Patricia Martínez Linares
p. 87: fotos del cráneo de Phineas Gage: J.B.S. Jackson, *A Descriptive Catalog of the Warren Anatomical Museum* (1870), M.D., dominio público, Wikimedia Commons; foto de Phineas Gage: desconocido, dominio público, Wikimedia Commons; simulación de la lesión cerebral de Phineas Gage: © Van Horn, J.D., Irimia A., Torgerson, C.M., Chambers, M.C., Kikinis R., *et al.* (2012) «Mapping Connectivity Damage in the Case of Phineas Gage», PLoS ONE 7(5): e37454. doi:10.1371/journal.pone.0037454 Van Horn, J.D., Irimia A., Torgerson, C.M., Chambers, M.C., Kikinis, R., *et al.*, Wikimedia Commons CC 2.5

Printed in Spain – Impreso en España

ISBN: 978-84-10467-73-6
Depósito legal: B-14.328-2025

Compuesto en Llibresimes, S. L.

Impreso en Romanyà-Valls, S. A.
Capellades (Barcelona)

VE 6 7 7 3 6

Índice

Prólogo 11

Déjame contarte un poco sobre mí 15

Primera parte: Entendiendo la rumiación del pensamiento 21

Introducción 25

1. ¿Cuál es la base histórica de la rumiación? 37

2. ¿Qué es la rumiación del pensamiento en términos prácticos? 51

3. ¿Has experimentado el estado mental donde prima el sobrepensar? 62

4. ¿Qué efectos tiene la **rumiación** en tu salud? 65

5. ¿Cuál es el origen neurocientífico de la rumiación del pensamiento? 81

6. ¿Cuáles son los factores de riesgo que aumentan la predisposición a favorecer la rumiación del pensamiento? 102

7. ¿Cómo influye nuestra cultura sobre la rumiación en el siglo XXI? 143

Segunda parte:
¿Cómo aliviar la rumiación del pensamiento?

¿Cómo aliviar la rumiación del pensamiento? 149

1. La escritura, el dibujo y el tacto 153
2. El mirar hacia adentro y el anclaje al presente 165
3. La respiración y los olores 178
4. Tus cinco sentidos al unísono 182
5. La música y el baile 185
6. La visión y la imaginación 189
7. Tu cuerpo y su cuidado 202
8. Tu voz y las palabras 219
9. El silencio 224
10. Tu mente, la aliada 226
11. La compasión y el perdón 248
12. El tiempo 254
13. Los filtros que instauras 260
14. Tu entorno 267
15. La socialización y el contacto con tus círculos de apoyo ... 277

Unas palabras de cierre 285
Agradecimientos especiales 287
Lecturas complementarias 289
Notas del lector 301

La **vida** puede ser más **feliz** si nos **permitimos,** por momentos, pensar un poco **menos**.

Prólogo

Mente calma, de Vanessa Benjumea, más conocida como Doc Vane, es un libro maravilloso. A veces, algunas cosas quedan resumidas en un nombre, y es este el caso de «Doc Vane», un nombre que refleja por qué este libro es, al mismo tiempo, tan relevante y tan bello. Por un lado, «Vane», el diminutivo, transmite cariño y simpleza. Por otro, «Doc», habla de su formación: es doctora, médica, neuróloga. Conoce en profundidad la anatomía del cerebro y nos ofrece una guía clara para transformar lo que queremos cambiar. Esta mezcla tan inédita de una mirada cariñosa, amorosa, compasiva, pero con el rigor de la buena medicina y del conocimiento científico, es lo que hace a este libro tan especial y sorprendente.

El proyecto y el deseo de Vanessa son simples: una mente calma. Una mente tranquila, basada en la premisa de «aguas calmas», en oposición a un río revuelto o un mar agitado que nos ahoga, nos da el sustrato mental necesario para aspirar a una vida mejor. El libro es muy generoso porque combina lo que ella llama «recordatorios amorosos» hechos con cariño, pensados para el lector o la lectora, considerando nuestras dificultades para comprender algunas cosas y, también, nuestras necesidades para resolverlas.

El eje central del libro es la rumiación. Vanessa utiliza una metáfora que me ha resultado muy útil: la del hámster corriendo en una rueda. Esa imagen del pensamiento que no va a ningún lado, que va y vuelve, mientras sentimos que estamos corriendo, que avanzamos. Y cómo, al darnos cuenta de que en realidad estamos atrapados en un bucle —o, mejor dicho, en una espiral que nos va hundiendo un poco más—, aparece el primer principio de salida.

¿Cómo lo resuelve la Doc Vane? Primero, nos explica de qué se trata y por qué tenemos esta tendencia. Luego, nos ofrece estas recomendaciones amorosas para ayudarnos a encontrar soluciones simples que pueden ser un buen punto de partida.

Una que me gusta especialmente es la idea de deshacer un pensamiento. Ella propone que, en lugar de pensar una idea como una piedra rígida, la veamos como algo que puede desinflarse, pincharse, deshacerse. Propone ejercicios sencillos, como llevar un diario o una lista de nuestras rumiaciones, y a la vez nos conecta con aspectos más profundos del cerebro: el sistema simpático, el parasimpático, la relación con la enfermedad.

Nos explica por qué caemos en estos patrones y nos brinda herramientas accesibles: la música, el baile, el dibujo, las caminatas, la respiración. Así, va trazando una guía clara hacia lo que para ella es esencial —y que transmite con tal convicción que resulta fácil acompañarla—: encontrar la calma. Llegar a una mente serena. Diluir los pensamientos.

Pensar menos, pero pensar mejor. Para tener, justamente, una vida mejor.

El filósofo francés Michel de Montaigne escribía solo, pero como si le escribiera a un amigo. En su caso, ese amigo era Étienne de La Boétie. Mucho tiempo después, la lectura de sus ensayos sigue siendo fluida y cercana porque Montaigne inauguró ese registro tan particular: escribir como si uno le hablara a un amigo.

La lectura del libro de Vanessa tiene algo de eso, pero también algo más. Tiene el cuidado compasivo de lo que, para mí, representa lo mejor de la medicina. Esa sensación de encontrarse con un médico que sentimos que desea profundamente que estemos mejor y que desde esa premisa se debe a nosotros. Ese mandato, o ese deseo profundo, de que estemos bien.

Leer el libro de Vanessa no es encontrarse con una voz arrogante desde la ciencia ni con alguien que pretende darnos una clase. Por el contrario, nos encontramos con alguien que escribe desde un deseo genuino de que estemos mejor. Con recordatorios amorosos y una calidez que se siente en cada página. Y eso da ganas de seguir leyendo hasta el final, porque quien escribe no solo nos enseña: nos quiere, nos cuida, y nos invita a tener una vida mejor.

Por eso, el libro de Vanessa es tan extraordinario.

Mariano Sigman

Déjame contarte un poco sobre mí

Soy Vanessa y me dicen Doc Vane desde hace varios años (ustedes mismos, mis pacientes, fueron los que empezaron a gestar esta forma de dirigirse a mí, que ahora es mi sello personal). Soy mamá y médica neuróloga y epileptóloga.

Amo las neurociencias como disciplina y su poder infinito aún poco explorado y comprendido. De la neurología cognitiva, en particular, me apasiona la posibilidad que nos ofrece de entender gradualmente la simbiosis entre la mente y el cerebro y estudiar las funciones cognitivas con las diferentes estructuras y redes neuronales implicadas, y, por supuesto, cómo se pueden aliviar, transformar y potenciar esos circuitos en pro de nuestra salud mental y cerebral.

Es mi deber enseñarte que siempre es posible estar mejor —así nos hayan dicho que factores como la edad impiden desarrollar nuevas capacidades o potenciar habilidades previas—, pues la neuroplasticidad es un proceso intrínseco al ser humano. Solo necesitas conocer la receta adecuada, que son las técnicas que te funcionen, y repetirlas una y otra vez, como los ingredientes fundamentales para tejer nuevas rutas neuronales, crear hábitos positivos y ver tu mente y cerebro florecer. Tras acompañar a miles de pacientes en su camino, estoy plenamente convencida de esto.

Después del nacimiento de mi hija y mi hijo, construyo día a día mi reinvención personal y familiar, que a mi manera de ver es un árbol en desarrollo con raíces crecientes, donde una de sus ramas es la docencia, el servicio, y el acercarte a este tema que tanto me apasiona. Ese nuevo árbol implicó dejar otro de lado, así que he ido renunciando poco a poco a otras maneras de ejercer mi profesión, quizá más tradicionales, donde el 1:1 (paciente:médica) en un consultorio o en un hospital era la única forma de hacerlo. Estudié *mindfulness* y compasión. Empecé a crear contenido en redes sociales (@journaldevane). Escribí libros digitales de bolsillo para tu mente alrededor de la felicidad, la procrastinación, el síndrome del impostor y el *journaling* terapéutico. Ahora las charlas forman parte de mi cotidianidad, me permiten acercarme con mi voz a la comunidad general y al resto de los profesionales de la salud, y sentirlos más cerca. No te imaginas el estado de *flow* en el que entro cuando mi cuerpo tiene cerca un micrófono y hay personas dispuestas a recibir lo que mi alma tenga para ofrecer en ese momento. Siempre antes de cada charla les digo a Dios y al universo que pongan en mi boca las palabras que ese grupo de personas necesita escuchar. Nunca sabes cuándo puedes cambiar el camino de alguien a través de una palabra en el momento adecuado.

Así pues, ahora tengo una visión diferente de la medicina, una más humana, más espiritual, más holística. Espero que este nuevo árbol siga creciendo, con raíces cada vez más fuertes, con ramas firmes y frutos en pro del servicio, la calma en el alma y el amor como movilizadores primarios, y que siga expandiéndose cuanto sea posible, sin elevarse ni perderse en el proceso.

Ahora que sabes un poco más de mí, déjame decirte que tú también eres parte de mi reinvención y de esta familia que convive en un espacio seguro y liviano para la mente y que gira alrededor del bienestar.

Finalmente, te doy gracias por adquirir este libro, y gracias a la vida por permitirme vivir haciendo catarsis de lo que llevo adentro a través de las palabras.

Bienvenido a mis páginas, ¡espero que sean absolutamente sanadoras para ti!

Doc Vane

P. D.: ¡Me encantaría que me contaras qué te pareció el libro! Puedes escribirme a: bienestardocvane@gmail.com

La **rumiación** es
como un **fuego**
que **no** calienta
y que **consume.**

Primera parte:

Entendiendo la **rumiación del pensamiento**

En esta primera parte resolveremos decenas de preguntas alrededor de la rumiación. Te brindaré datos clave y recordatorios amorosos para aumentar tu comprensión.

Aquí tienes un aperitivo del contenido:

- **¿Qué es** la rumiación del pensamiento?
- **¿Cuáles** son las consecuencias de la rumiación sobre tu salud mental y física?
- **¿Cuál es** el origen neurocientífico de la rumiación del pensamiento?
- **¿Cuáles son** los factores de riesgo que aumentan la predisposición a presentar rumiación del pensamiento?

Espero que estos títulos iniciales te animen, no solamente a leer el contenido hasta el final, sino también a implementar los cambios en el día a día para cultivar tu bienestar mental.

Nota clave

Este libro está escrito para la comunidad en general. Sin embargo, si eres personal de salud, encontrarás detalles explícitos que aumentarán tu comprensión del tema y de las soluciones para aplicar con tus pacientes, para que puedas seguir replicando nuestro rol de servicio durante estados de vulnerabilidad. Ahora, después de años de práctica, entiendo que la enfermedad no es un proceso fácil de transitar, así que sigamos extendiendo nuestras manos en pro del otro que busca nuestra ayuda.

Introducción

Con frecuencia me detengo a cuestionar múltiples aspectos de la vida y sé que no solo me pasa a mí. Nuestro cerebro, literalmente, es un órgano solucionador de problemas, así que las preguntas constituyen el combustible que alimenta la búsqueda de soluciones.

En mi caso, es un hábito que he cultivado, casi un impulso natural, mirar hacia dentro y hacia fuera, tratando de entender no solo el mundo que me rodea, sino también cómo puedo transformarlo, empezando por el círculo que habita cerca de mi alma. En ese espacio íntimo y sagrado están ustedes, mis pacientes y lectores, quienes forman parte de esta conexión que va más allá de las palabras.

Quizá te preguntes **¿por qué cuestionarse tanto?** La respuesta es simple. Las preguntas han sido compañeras constantes en mi vida. No solo me han guiado hasta aquí, sino que también serán las que me lleven hacia donde quiero llegar. Las preguntas abren puertas, iluminan caminos, difuminan las sombras y siembran en nosotros la semilla de la transformación.

Estos son algunos de los interrogantes que me persiguen con insistencia: ¿qué más puedo hacer? ¿Cómo puedo transformar mi vida y, en ese proceso de expansión, potenciar la de los demás? ¿Cómo permitirme «ser» sin temor, sin máscaras, sin esa constante necesidad de complacer y sin minimizarme o moldearme para poder encajar? ¿Cómo hacer de este un mundo mejor, este en el que viven ahora mis hijos? ¿Cómo seguir creciendo, cultivando raíces fuertes repletas de mi verdadera esencia? ¿Cómo sostener la mirada a quienes han atravesado tanto dolor o caos mental y, a través de ella, transmitirles la esperanza de que sí es posible estar mejor? ¿Será que la respuesta a todo es, al final, el amor?

Muchas de esas preguntas han cumplido su propósito, me acompañaron en momentos específicos, han facilitado mi crecimiento, me han empujado a encontrar respuestas y me han ayudado a reinventarme en el caos... Lo más interesante es que, cuando finalmente tengo las soluciones, lo cuestionado se disuelve y deja espacio para nuevas inquietudes.

¿No te parece fascinante cómo funciona la mente? Cuando encuentra la solución a un problema, deja de generar la misma pregunta una y otra vez. Es como si apretara un interruptor interno que baja la intensidad, desacelerando de 100 a 0 en cuestión, muchas veces, de segundos. Se cierra el ciclo y se apaga el eco en tu mente.

Así es nuestro cerebro: un órgano maravillosamente diseñado para resolver, conectar e interpretar. Busca, de manera incansable, que los hilos de nuestra existencia se tejan con coherencia. Sin embargo, no siempre sabe detenerse. A veces, se queda atascado en bucles de pensamientos que no aportan, amplificando lo innecesario, dándole volumen a lo que no lo merece, y generando inconformidad y sufrimiento a quien lo padece.

He estado en ese lugar incontables veces y quizá tú también. No dudo en agradecerle a mi mente por su incansable labor, por ser una aliada en los desafíos y por apoyarme en el proceso de entender y adaptarme. Pero también sé que, en ciertos momentos, puede parecer un enemigo silencioso que juega en nuestra contra.

Este es el momento de hacerte unas preguntas clave para entender si ese sobrepensar está ahí para ayudarte o si es un volcán continuo o intermitente en tu vida. ¿Piensas una y otra vez en lo mismo? ¿El sobrepensar se ha convertido en un huésped permanente en tu mente? ¿Se aferra a ti como un eco que no sabe desvanecerse, incluso cuando lo único que deseas es reencontrarte con el «silencio» del universo, descansar y desconectar?

Déjame decirte algo que quizá ya intuyes: **el sobrepensar puede ser uno de tus peores adversarios**. Pensar en exceso desgasta, consume energía mental, emocional, e incluso física.

> La rumiación es como correr en una rueda de hámster: mucho movimiento, pero sin avanzar realmente.

Pero no te preocupes, no todo está perdido. La mente es flexible y, gracias a la neuroplasticidad, es capaz de aprender y desaprender. No se trata de silenciarla del todo (algo casi imposible), sino de aprender a **escucharla sin identificarse por completo con ella y generar pensamientos sin ahogarte en ellos**. De darle su espacio, pero también saber cuándo y cómo decir «Gracias, por hoy es suficiente», y que ella te haga caso.

¿Y cómo se hace eso? Con prácticas que nos anclen al presente: la respiración consciente, la meditación, el arte, la naturaleza, la compasión, el perdón, el simple acto de detenerse y observar sin juicio, entre otras, que aprenderás a lo largo de estas páginas y de otras que vienen en camino, que te permitirán entender y aplicar cómo se cultiva, florece y se potencia, gradualmente, nuestra salud mental.

Recuerda que eres quien genera los pensamientos, pero no eres lo que piensas. Tus pensamientos NO SIEMPRE te definen.

Así que, si estás leyendo esto y alguna de estas palabras resuena contigo, te invito a hacerte una última pregunta (por ahora): **¿qué pasaría si, en lugar de luchar contra tus pensamientos, sueltas el control, te escuchas, y luego los dejas fluir sin resistencia?**

Ahí, quizá, comienza la verdadera transformación que te va a llevar a navegar con fluidez las aguas de tu mente.

Estar mejor siempre es posible. ¡De eso no tengo dudas!

¿Qué espero entregarte en este libro?

Quiero enseñarte tres grandes tópicos alrededor del sobrepensar para que encuentres alivio. 1) Cómo definimos la rumiación del pensamiento y cómo se genera en tu cerebro, es decir, cuál es su sustrato neurobiológico, pues, sabiendo las causas, podrás identificar las raíces que debes sanar. 2) La asociación entre el sobrepensar y tu salud mental y física. Entendiendo sus efectos nocivos sobre tu bienestar global, te llenarás de motivos para atenuar de manera activa, diaria y gradual su presencia en tu vida. 3) Te daré decenas de técnicas no farmacológicas que incluyen hábitos mentales más saludables para que logres sacar de tu vida esa rumiación que te incapacita y muchas veces te paraliza. No basta con entender si sobrepiensas o no, sino que es necesario trabajar en soluciones que te permitan vivir una vida más plena.

Recordatorios amorosos

- **No todas** las técnicas funcionan para todas las personas. Reduce la frustración y prueba técnicas diferentes en el día a día. ¡Espero que te sirvan muchas de las que te enseño!
- **Trabajar por una mente** más liviana requiere esfuerzo... y es que el alivio no llega de la noche a la mañana. En general, cuando hablamos de cerebro, casi todo toma tiempo, porque implica fortalecer ciertas estructuras y modificar

las redes neuronales ya existentes, y eso significa abrir nuevos caminos y deshacer/modificar los ya existentes. ¡No desfallezcas!

La rumiación es un eco incesante de la mente donde cada pensamiento se multiplica sin ofrecer una salida.

¿De dónde surge la necesidad de estas páginas dedicadas a entender y aliviar la rumiación del pensamiento?

El sobrepensar es un fenómeno común que afecta a gran parte de las personas en diferentes momentos de la vida. Su frecuencia depende de varios factores, incluidos tu contexto personal, nivel de estrés, estilo de vida, entorno académico y laboral, personalidad, exposición a redes sociales y tu salud mental en general.

Se estima que puede estar presente en casi todas las personas, sobre todo después de acontecimientos negativos o estresantes, y en investigación se ha encontrado que alrededor del 10-20% de la población puede experimentar rumiación crónica, es decir, una tendencia a sobrepensar de manera constante y por situaciones que quizá a otras personas no les generan ni el más mínimo conflicto.

Hay diferentes formas de responder a una emoción negativa, adaptativas y maladaptativas, que incluyen la distracción, la aceptación, la negación y la rumiación del pensamiento, entre otras. Déjame darte algunos ejemplos para que discrimines si lo que vives con tu mente es algo esperado o quizá se está descontrolando.

Ejemplo 1 (el sobrepensar esperado):

Después de una discusión con un amigo, piensas en lo que ambos dijeron y reflexionas cómo puedes llegar a resolver ese conflicto.

- **Este** sobrepensar está ahí para ayudarte a encontrar maneras de disculparte o formas más asertivas de expresar tus ideas la próxima vez.

Ejemplo 2 (la repetitiva, la difícil de controlar, la que no lleva a soluciones):

Después de un error en el trabajo, piensas constantemente: «Soy un fracasado, siempre lo hago todo mal, seguro voy a perder mi trabajo, ¿qué pensarán de mí?». Este pensamiento se repite durante días y termina afectando tu sueño.

- **En este** caso, la rumiación no resuelve nada, intensifica la autocrítica y puede contribuir a estados emocionales negativos, con otros efectos deletéreos sobre el bienestar global, que incluyen modificar tu sueño, tu comportamiento y la función cognitiva.

Puede que ahora estés pensando que quizá sí has experimentado ese sobrepensar más persistente e improductivo y que no quieres que siga impactando negativamente tu salud mental y bienestar general. Si ese es el caso, este libro es perfecto para ti. ¡Me alegra que lo hayas adquirido!

Nota clave

Tras más de una década dedicándome a las neurociencias, puedo decir que la rumiación es uno de los motivos de ingreso que más veo en mi consulta y en mi comunidad en redes sociales. Por lo tanto, mi meta más genuina es liberarte gradualmente de esa cárcel que representa tu mente inmersa en el sobrepensar maladaptativo.

Recordatorios amorosos

Mejorar es una posibilidad constante y siempre puedes aspirar a más, aunque tu mente te diga lo contrario y magnifique los peores escenarios. Lo anterior tiene que ver con el sesgo de negatividad que tiene tu cerebro, ¿lo habías escuchado antes? Es una característica intrínseca a nuestra mente que nos hace prestar más atención y recordar con mayor intensidad y facilidad los estímulos negativos que los positivos o neutrales. Tiene raíces evolutivas, en la medida en que es crucial para la supervivencia, para permitirte identificar los riesgos con mayor rapidez, en comparación con las recompensas o los estímulos agradables. Nuestros ancestros sobrevivieron en gran medida gracias a este sesgo que les permitió centrarse en lo negativo priorizando las amenazas. Déjame brindarte algunos ejemplos:

- **Un sonido** era interpretado, hasta que se demostrara lo contrario, como un depredador (por ejemplo, un león), no como algo inocuo como el viento. Y es que una amenaza ignorada podría constituir el fin del linaje.
- **Un miembro del grupo,** impulsado por el hambre, probaba una fruta roja y brillante de un arbusto desconocido, sufría vómitos y moría al día siguiente. El cerebro del grupo registraba el acontecimiento como «peligro mortal», asociando el color rojo brillante y la forma de la fruta con la muerte. De ahí en adelante, evitaban todas las frutas rojas y brillantes, y aunque el 95% de las frutas similares fueran seguras, el 5% tóxico justificaba la evitación total.
- **Una tribu** había sido víctima de una tormenta devastadora que destruyó todos sus hogares. Los ancianos contaban durante décadas, una y otra vez, la historia del desastre y, ante señales de cambio climático (nubes oscuras, viento fuerte, tormentas), ya tenían las viviendas adaptadas, o realizaban evacuaciones inmediatas si las consideraban necesarias.

Sin embargo, no todo es positivo, y ahora ese sesgo puede que esté jugando en tu contra, desfigurando la realidad, llenándote de sombras sin sentido, haciéndote recordar más las críticas que los halagos, o las noticias o los eventos negativos más que los positivos. Aquí tienes algunos ejemplos para ilustrarte este otro escenario:

- **Un solo** comentario crítico en una evaluación de desempeño eclipsa nueve elogios.
- **Una discusión** acalorada se recuerda más vívidamente que meses de armonía.
- **Una crítica** entre cientos de mensajes positivos en redes sociales genera mayor impacto emocional.

De ahí que entendamos que debemos luchar en la cotidianidad contra ese sesgo de negatividad, haciendo que funcione para lo verdaderamente necesario (es decir, **que te permita estar a salvo cuando hay amenazas reales**) sin magnificar los escenarios y sin ser una barrera para tu felicidad y bienestar.

Cuando la mente está inmersa en el caos, las sombras te impiden ver soluciones. Trabaja día a día para disipar la oscuridad que te limita.

¿Cómo puedes leer este libro?

Desde siempre nos han enseñado que los libros se leen de manera secuencial, desde la primera página hasta el final. Y ahora, viendo mi libro, me acuerdo de *Rayuela*, de Julio Cortázar. Ese fue el primer libro que vi que tenía una forma «tradicional» de lectura y otra a elección del lector.

Así que te propongo dos opciones de lectura que son factibles con este contenido. La primera es que lo hagas de forma tradicional, desde la primera página hasta la última. Te sugiero esta forma inicial de lectura porque es la más lineal, empezando con las bases conceptuales neurobiológicas de la rumiación y finalizando con soluciones para encontrar alivio en el día a día. La segunda forma de leer este libro, y que te puede servir para todas las veces que vuelvas a este texto después de tu primera lectura, es como un kit de primeros auxilios para tu mente calma que tú mismo vas a personalizar, seleccionando las técnicas efectivas para ti. ¿Cómo hacerlo? En caso de emergencia, acude a las páginas que más te sirvieron. Puedes marcarlas con un separador, con un *post-it* que diga «técnica infalible para mí», o subrayar y rayar este libro, adaptándolo a la forma en la que tu cerebro recibe mis palabras y a la manera en que más le aporta a tu mente. También te dejo al final del libro un espacio para que tomes todas las notas que sean necesarias (notas del lector).

El mar de pensamientos no tiene por qué seguir siendo un oleaje cruel que no alcanza la orilla.

1

¿Cuál es la base histórica de la rumiación?

La rumiación ha sido comprendida de distintas maneras a lo largo de los siglos, pasando de ser un fenómeno filosófico, religioso y espiritual, a una tendencia neurocognitiva que aún no terminamos de entender.

Te contaré algunos cimientos históricos y las formulaciones tempranas alrededor de las experiencias internas repetitivas. En la Antigua Grecia, Aristóteles no usó el término «rumiación» como lo entendemos hoy, pero sus ideas sobre el pensamiento reflexivo y el ejercicio de la razón fueron fundamentales para entender cómo nuestra mente procesa los pensamientos. En su obra *Ética a Nicómaco* habla sobre el uso de la razón para alcanzar la virtud, la felicidad y el equilibrio emocional. Es posible entonces interpretar esa idea de reflexión profunda como un intento de alcanzar la *eudaimonía* (bienestar o felicidad) a través del autocontrol y la meditación sobre nuestros pensamientos y acciones. Si bien la reflexión puede llevar al crecimiento, no siempre lo hace, y su exceso puede ser la base de lo que conocemos ahora como *rumiación*. De hecho, Aristóteles afirmaba que reflexionar sobre lo que es correcto es importante, pero el valor del cavilar y de la razón se encuentra en su capacidad para guiarnos a la acción. No se trata entonces de pensar sin actuar.

Aristóteles reconoció que el exceso de pensamientos sin acción o sin propósito claro podría atraparnos y paralizarnos, impidiéndonos actuar en línea con nuestros objetivos y valores, generando efectos deletéreos sobre el ser y una falta de progreso hacia lo que él consideraba una vida virtuosa.

Durante la Edad Media la rumiación fue interpretada principalmente desde marcos filosóficos, médicos y religiosos. Se percibía como un desafío espiritual y físico que incluía un desequilibrio humoral o una tentación diabólica. Filósofos y teólogos como san Agustín y santo Tomás de Aquino centraron la reflexión en Dios y el alma, y profundizaron en el pensamiento, la atención y el comportamiento mental. Los pensamientos se entendían como una forma de contemplación espiritual o meditación, tanto en la búsqueda de la verdad divina como de la reflexión moral sobre los pecados y defectos propios. Sin embargo, identificaban momentos de introspección excesiva con pensamientos asociados a la culpa, los pecados, lo mundano, el arrepentimiento, la salvación y las preocupaciones espirituales sin resolución.

En este contexto, la rumiación podría interpretarse como una forma de desviación de esa práctica meditativa en la que la mente se queda atrapada en preocupaciones «mundanas» o pensamientos negativos, en lugar de buscar la paz y la claridad en la contemplación de lo «divino» (san Agustín enfatizaba en el propósito espiritual y en Dios para curar la mente), o en acceder a ese hombre racional que es capaz de redirigir los pensamientos y las emociones hacia el bien mediante el uso de la razón (santo Tomás subrayaba la posibilidad de tener un control racional de los pensamientos y el cultivo de hábitos virtuosos para una mejor integración de cuerpo y alma).

Por otro lado, y desde una perspectiva médica medieval, los cuatro humores (sangre, flema, bilis amarilla y bilis negra) determinaban la salud y la enfermedad. Según la teoría humoral, Hipócrates y Galeno plantearon que las enfermedades y los trastornos mentales resultaban de los desequilibrios de los humores. Por ejemplo, se decía que la melancolía o tristeza estaban vinculadas a un exceso de bilis negra, que se creía afectaba tanto al cuerpo como a la mente y generaba inquietud mental y reflexiones profundas. Médicos medievales como Avicena y Constantino el Africano recomendaban tratamientos como dieta, ejercicio y remedios herbales para equilibrar los humores y calmar la mente.

Finalmente, algunos textos religiosos medievales describían los pensamientos repetitivos y negativos como una forma de ataque espiritual, con demonios que susurraban pensamientos de culpa, duda o preocupación para desviar el alma de su camino hacia la salvación. Para encontrar alivio, se promovían prácticas como la oración, la confesión, la meditación guiada y el uso de símbolos sagrados para protegerse de dichos «asaltos mentales».

Durante el Renacimiento, y con la llegada de la Ilustración, se vivió una transición desde el pensamiento teocéntrico y moralista de la Edad Media hacia enfoques más racionales, humanistas y científicos, donde el equilibrio entre el pensamiento y la acción eran claves, siguiendo las raíces aristotélicas. Además, ese sobrepensar dejó de estar vinculado predominantemente al pecado o a los demonios, y pasó a ser aceptado como un fenómeno con raíces asociadas a la melancolía, el desequilibrio interno y el mal uso de la razón.

Surgió entonces un énfasis renovado en el potencial humano, la razón, la creatividad, la autonomía del individuo y el pensamiento crítico. Aunque la introspección era importante, se valoraba más cuando conducía al crecimiento personal y al descubrimiento creativo, en lugar de quedarse atrapada en preocupaciones improductivas.

Robert Burton, en *La anatomía de la melancolía* (1621), empezó a conceptualizar la rumiación como una forma de melancolía. Describió cómo los pensamientos repetitivos, la tristeza y la preocupación podían derivar de desequilibrios internos, pero también emanar de la presión social y las experiencias personales. Propuso tratamientos como el ejercicio, la música, la lectura y la distracción mental para aliviar ese estado.

Filósofos como Descartes y Locke hablaron de la visión dualista que separaba la mente del cuerpo, de la importancia de la reflexión racional y el poder de la mente humana para controlar sus propios pensamientos. También plantearon que el pensamiento inútil o repetitivo carecía de valor práctico. Rousseau, por su parte, criticaba cómo la vida moderna podía fomentar una desconexión emocional debido a un pensamiento excesivo y a una racionalización extrema.

Con el progreso de la medicina, comenzaron a surgir explicaciones más fisiológicas para los problemas relacionados con la rumiación, que incluían un fortalecimiento de la relación entre ese sobrepensar excesivo y la melancolía o depresión, interpretándose como una condición clínica, más que como un estado espiritual. También se sugirieron tratamientos similares para aliviarla que incluían el ejercicio, la dieta equilibrada y el contacto con la naturaleza.

Durante el siglo XIX, la aparición de la psicología como disciplina independiente permitió que el concepto de rumiación comenzara a ser comprendido cada vez más científicamente, ofreciendo marcos teóricos que, aunque no usaban el término «rumiación», sí se relacionaban con esta dinámica mental.

Grandes personajes como William James o Sigmund Freud se interesaron por cómo los procesos mentales podrían influir sobre las emociones y el comportamiento. Freud, por su lado, estudió cómo los pensamientos reprimidos o no resueltos (en especial aquellos relacionados con deseos inconscientes) podían generar angustia emocional y contribuir al sobrepensar. Lo que conocemos hoy como rumiación, se podría ver como una forma de revivir esos pensamientos no resueltos, un proceso que, según este autor, estaba relacionado con la represión y la necesidad de traer estos pensamientos al consciente para resolverlos de manera adecuada. Además, describió cómo las personas tienden a repetir patrones de pensamiento y/o comportamiento como una forma de lidiar con traumas o conflictos pasados, de donde se inferiría que la rumiación podría considerarse una repetición mental de experiencias o emociones que no se han elaborado correctamente. Por último, sostenía que este estado mental podía aliviarse mediante el proceso de catarsis, que consiste en expresar pensamientos reprimidos a través de la asociación libre, en un contexto terapéutico, para traer a la conciencia los conflictos inconscientes que alimentan los pensamientos repetitivos.

En su obra *Principios de psicología* (1890), William James habla sobre los pensamientos automáticos y la mente como un flujo constante de ideas, aunque no se refería explícitamente a la rumiación como un fenómeno patológico. Podríamos pensar que la rumiación se puede interpretar como un «atasco» en ese flujo, en el que la persona se queda atrapada en un ciclo repetitivo. En la descripción del «flujo de la conciencia» (*stream of consciousness*, 1892), James anticipa muchas de las dinámicas que entendemos hoy en términos de rumiación. Él creía que la mente podía entrenarse mediante la atención dirigida y el desarrollo de hábitos constructivos (como las actividades físicas y creativas) y que sobrepensar era un hábito mental negativo que desviaba la atención de objetivos productivos. Además, argumentaba que se debía actuar sobre las preocupaciones, en lugar de simplemente reflexionar sobre ellas (vemos de nuevo **la acción como antídoto**), elemento esencial para el bienestar psicológico. De ahí que digamos que inspiró enfoques más prácticos y conductuales como la terapia cognitivo-conductual (de la cual hablaré más adelante), que se centra en interrumpir patrones de pensamiento no productivos y fomentar acciones concretas.

En los siglos XIX y XX, la rumiación se conoció en francés como *idées fixes* (ideas fijas) o *idées irrésistibles* (ideas incontenibles o irreprimibles), y en alemán como *Wiederholungszwang* (repetición compulsiva). En el siglo XX, los avances en psicología, sobre todo con el auge de la psicología cognitiva y el psicoanálisis, permitieron una comprensión más específica de la rumiación como un patrón de pensamiento disfuncional, y este término comenzó a ser utilizado para describir esa repetición incesante de pensamientos centrados en el sufrimiento. Fue a mediados del siglo XX, con el trabajo de Aaron Beck y otros psicólogos cognitivos, cuando el concepto se definió claramente dentro de los trastornos emocionales.

Aaron Beck, en sus estudios sobre depresión, identificó que los pacientes tendían a caer en un patrón de pensamientos automáticos negativos en bucle (como la rumiación), que no solo mantenía su estado depresivo, sino que también lo intensificaba. Se caracterizaban por ser repetitivos, autocríticos y centrados en acontecimientos del pasado o en problemas sin solución. De hecho, en su modelo de depresión, Beck propuso que las personas con esta condición experimentaban un pensamiento distorsionado, descrito en la siguiente triada cognitiva: tenían una visión negativa de sí mismas («soy inútil»), una percepción negativa del mundo («todo está mal») y una expectativa negativa del futuro («nada mejorará»).

Además, explicó cómo la rumiación se alimentaba de distorsiones del pensamiento (o distorsiones cognitivas), como por ejemplo:

- **Generalización excesiva:** cuando extraes conclusiones generales a partir de un solo acontecimiento negativo. Como cuando decimos, «si esto salió mal, todo lo demás también irá mal».
- **Catastrofización:** imaginas los peores escenarios posibles, generando preocupación interminable sobre problemas hipotéticos. Por ejemplo, tienes dolor de cabeza y piensas, «este dolor de cabeza no es normal, debe ser algo grave como un tumor cerebral. Si tengo un tumor, voy a necesitar cirugía y quimioterapia y no voy a poder trabajar ni cuidar a mi familia».
- **Personalización:** cuando asumes responsabilidad por eventos fuera de tu control, generando culpa y rumiación sobre qué podrías haber hecho de otra manera. Déjame darte un ejemplo: un compañero de trabajo está de mal humor y no saluda al entrar en la oficina. Lo primero que piensas es, «seguro que está enfadado conmigo, debo de haber hecho algo mal. Tal vez le caigo mal o le molestó algo que dije ayer».
- **Etiquetado:** si usas etiquetas negativas globales para describirte a ti o a los demás. Esto alimenta la percepción fija y repetitiva de que no hay forma de mejorar. Aquí van dos ejemplos. Aplicado a ti: cometes un error en una presentación del trabajo y piensas que eres un fracasado y que nunca vas a hacer nada bien. Con otros: un amigo olvida

una cita contigo y piensas que es un desconsiderado, egoísta, y que nunca piensa en los demás.

- **Razonamiento emocional:** cuando crees que, porque «sientes» algo, debe ser cierto. Es decir, asumes que tus emociones reflejan una realidad objetiva, aun sin evidencia que las respalde. Terminas usando tu estado emocional como «prueba» para interpretar situaciones, tomar decisiones y juzgarte a ti mismo y a otros. Déjame darte algunos ejemplos, «me siento inútil, así que debo serlo», «me siento culpable, así que seguro hice algo malo», «me siento inseguro cuando mi pareja no me responde rápido, así que debe ser que ya no le importo».
- **Lectura de la mente:** cuando das por sentado algo, sin evidencia objetiva (sin saber lo que otros piensan o sienten), interpretando emociones, intenciones o juicios ajenos como hechos, generando malestar, conflictos o inseguridad. Un ejemplo sería: estás en una reunión y un compañero no hace contacto visual contigo, piensas que quizá no te toma en serio y que debe de pensar que no sabes de lo que estás hablando.
- **Filtro mental:** cuando enfocas tu atención solo en los aspectos negativos de una situación mientras ignoras, minimizas o descartas por completo los positivos o neutros, llevándote a revivir detalles negativos una y otra vez. Es como ver la realidad a través de un lente que solo deja pasar lo negativo, distorsionando la percepción global. Una situación clásica es que recibes comentarios principalmente positivos en una evaluación de desempeño en el estudio o el trabajo y recibes una crítica constructiva,

pero tu cerebro te muestra un escenario en el que «eres un fracasado y no eres lo suficientemente bueno».

- **Pensamiento todo o nada (o pensamiento polarizado o dicotómico)**: percibes situaciones, personas o experiencias en extremos absolutos sin considerar matices o términos medios. Básicamente es una visión rígida del mundo, donde algo es «perfecto o un desastre», «éxito o fracaso», «bueno o malo», sin espacio para grises.

Ahora sabemos que la rumiación ha sido un concepto que ha evolucionado a lo largo de la historia, entendiéndose de diferentes maneras según el contexto cultural, religioso, filosófico y científico de cada época, con descriptores clave como introspección aumentada, exceso de análisis, ausencia de control mental, desequilibrio, estados emocionales negativos, y pensar sin ejercer acción. En la actualidad tenemos un enfoque integrador y amplio en el que la neurociencia, la psicología cognitiva y la biología son los grandes protagonistas que seguiremos comprendiendo en las próximas páginas.

El **tiempo** es un gran aliado para **calmar** nuestro cerebro; sin embargo, en algunos **casos** es un **perpetuador** del sufrimiento cuando nuestra **mente** está inquieta.

¿Cómo se ha descrito el sobrepensar en diferentes idiomas y culturas?

En latín, el término *ruminare* significa «masticar nuevamente» y se deriva de la acción de los rumiantes, es decir, los animales que regurgitan y mastican repetidamente su comida. En sentido figurado, se utilizaba en los textos filosóficos y religiosos para referirse al acto de reflexionar sobre una idea. Por ejemplo, san Agustín utilizó *ruminare* en sus escritos para describir la meditación repetitiva sobre pasajes bíblicos como una forma de interiorización espiritual. En este contexto, el sobrepensar tenía una connotación positiva, asociada a la contemplación profunda y a la búsqueda de conocimiento y salvación.

En alemán, *grübeln* significa «pensar profundamente» o «darle vueltas a algo». Podría tener entonces una connotación negativa, asociada con el pensamiento obsesivo o improductivo. De hecho, durante el Romanticismo alemán, escritores como Goethe y Schopenhauer exploraron el concepto de *grübeln* en el contexto de la introspección melancólica y el pesimismo filosófico.

En inglés antiguo, *brooding* se usaba originalmente para describir el acto de un ave incubando huevos, pero adquirió connotaciones relacionadas con pensar obsesivamente sobre un problema. Luego, el término *rumination* comenzó a usarse en el siglo XVII, influenciado por el latín para describir tanto el pensamiento reflexivo positivo como el repetitivo y disfuncional.

En el siglo XVIII, filósofos como Rousseau y Voltaire hablaron de las *cogitations* como reflexiones profundas, advirtiendo también sobre los peligros del exceso de reflexión que podía llevar a la parálisis.

La filosofía taoísta y el budismo chino advertían contra el *zhí niàn*, «pensamiento persistente» o «apego mental», describiéndolo como una trampa que impedía alcanzar la armonía y en la que la mente se aferra obstinadamente a una idea, emoción, recuerdo o deseo, generando sufrimiento, estancamiento o una desconexión del flujo natural de la vida.

El **tiempo** no avanza en **círculo...** rompe el ciclo de **pensamientos** y camina hacia el **horizonte.**

2

¿Qué es la rumiación del pensamiento en términos prácticos?

Alrededor de 60.000 pensamientos funcionales y disfuncionales se despliegan día a día en nuestra mente, 80% de ellos negativos. Esa cascada, consciente e inconsciente, puede tornarse entonces ubicua e incómoda, e inundar de sombras tu universo vigil y onírico, y condicionar una forma rígida de cognición que impulsa tu mente hacia una espiral que es descendente y negativa. Estudiar esa dinámica caótica de pensamientos con sus luces y sombras es esencial para entender, equilibrar y potenciar la relación entre tu mente y su salud.

Probablemente muchos de nosotros hemos pasado por momentos en la que nuestro cerebro nos repite una y otra vez pensamientos negativos/catastróficos y preocupaciones, de manera intrusiva e indeseada, que no conducen a ninguna solución, que nos hacen sentir una falta de control sobre la situación y que están relacionados con nuestro pasado, presente, e incluso con un futuro inexistente.

Pues bien, la rumiación es un proceso neurocognitivo donde se entra en un estado de flujo disfuncional y continuo de contenido mental. Su base son los pensamientos recurrentes y prolongados con ese tinte negativo en relación con tus sentimientos, problemas personales o experiencias traumáticas y que tienen un impacto en tus actividades diarias. Es decir que hay un efecto magnificador tipo lupa donde te focalizas más en ti y terminas, a la vez, generando un ciclo vicioso negativo cognitivo y anímico que tu propia mente se encarga de amplificar... es una verdadera inercia emocional repleta de sombras. Algo importante que debes saber es que esa rumiación ocurre con frecuencia alrededor de tu vida personal, aunque también puede presentarse con otras situaciones que suceden en tu cotidianidad.

Lo anterior implica que no estás realizando una reflexión constructiva y maravillosa de la que obtienes conclusiones y soluciones (que es una de las funciones de tu cerebro para ayudarte en el día a día), sino que, por el contrario, te quedas estancado en un bucle sin sentido y altamente automático de pensamientos intrusivos y persistentes que te llevan a un desgaste mental significativo, que te polarizan hacia terrenos complejos de la mente y que limitan la dinámica armoniosa del pensamiento. Esa rigidez de pensamiento puede dejarte a la deriva en el mundo adverso de tus propios pensamientos por periodos extendidos del tiempo, especialmente si no hay actividades o herramientas que te distraigan o te alejen del ruido de tu propia mente (ya aprenderás múltiples técnicas para encontrar alivio en la segunda parte del libro).

> Para algunos es difícil quedarse a solas con sus propios pensamientos por su naturaleza autodestructiva, mientras que para otros la vida interna de su mente es simple y pacífica.

Dichos pensamientos automáticos pueden sentirse francamente viscosos, en la medida en que son difíciles de sacar de tu mente y adicionalmente son alimentados por información afectiva y sensorial continua y magnificada que produce tu mente en momentos donde no fluye de manera correcta, haciendo que sea difícil deshacerte de ellos y que, por el contrario, termines generando mayores memorias negativas, focalizándote en los problemas y no en las soluciones y viendo las situaciones sin esperanza.

En ausencia de rumiación, es fácil pensar en contenidos similares semánticamente «saltando» a otro tópico sin estancarte y con gran flexibilidad. Tu cerebro tiene la habilidad natural de generar y asociar ideas o palabras que están relacionadas en significado gracias a «organigramas» neurales, que conocemos como redes semánticas, que facilitan la comprensión, el aprendizaje y la comunicación (si piensas en la palabra *perro* es probable que también te vengan a la mente palabras como *animal, pelaje, ladrar*, porque están semánticamente organizadas), y por supuesto tu mente también puede cambiar de tema de manera completa sin quedarse atrapada en la misma red. Es decir que **tu mente calma es fluida y flexible por naturaleza.**

Ahora déjame explicarte las dos caras de la moneda con algunos ejemplos alrededor de cómo se despliega de manera normal y anormal ese flujo del pensamiento espontáneo y esa tendencia cognitiva que se llama *clump and jump* o *clump, jump and scatter* (como han propuesto algunos autores recientemente), que nos ayuda a entender que la mente tiene varias formas de explorar pensamientos y hacer transiciones entre estos, incluidas 1) una forma caótica, desorganizada, sin foco, sin clara dirección y sin hilo conductor (por ejemplo, estás en la ducha y piensas: «¿Apagué el horno?... Qué raro el sueño de anoche... ¿Qué hora es?... Mañana tengo reunión... Me pica el brazo»); 2) una variación progresiva del contenido de tu mente donde los pensamientos cambian de forma gradual y lógica, con un flujo estructurado, en el que una idea lleva naturalmente a la siguiente (por ejemplo, «Hoy me sentí insegura en la reunión... Quizá fue porque no preparé bien el tema... Debería organizar mejor mi tiempo... Tal vez usar un calendario con bloques»), y, finalmente, 3) una transición instantánea del pensamiento, con cambios bruscos y rápidos entre pensamientos, pero con ideas definidas y nitidez en cada uno, a pesar de lo abrupto del cambio (por ejemplo: estás concentrado en la respiración y de repente piensas «Inhalo profundo... El olor me recuerda al mar... Qué bueno viajar a Japón el próximo año», o notas que tu gato está en la ventana y piensas en cuánto lo amas, luego en que tu ventana está rota y posteriormente en que debes cambiar de aseguradora).

Cuando SÍ hay rumiación del pensamiento

En el caso de la rumiación, la mente agrupa experiencias negativas o pequeños eventos aislados, les da un significado global y luego salta a conclusiones extremas, catastróficas o irracionales que perpetúan el ciclo de pensamientos negativos y estresantes.

Ejemplo 1: situación laboral

- **Hecho:** «He cometido errores en mis últimas presentaciones del trabajo».
- **Respuesta mental:** «Soy un fracasado en mi carrera y nunca tendré éxito».

Ejemplo 2: relaciones interpersonales

- **Hecho:** «Mi amigo no respondió mis mensajes y canceló nuestra última reunión».
- **Respuesta mental:** «No le importo y finalmente todos mis amigos me dejarán».

Ejemplo 3: salud

- **Hecho:** «Últimamente estoy cansado y me cuesta concentrarme».

- **Respuesta mental:** «Seguro que tengo un problema grave de salud y nunca mejoraré».

Cuando NO hay rumiación del pensamiento

En este caso resulta más fácil analizar la situación objetivamente, se evitan las agrupaciones exageradas de hechos negativos y no se salta a conclusiones extremas, sino que se buscan soluciones o un enfoque adaptativo.

Ejemplo 1: situación laboral

- **Hecho:** «Cometí algunos errores en mis últimas presentaciones».
- **Respuesta mental:** «Es normal cometer errores, puedo aprender de ellos y mejorar en la próxima presentación».

Ejemplo 2: relaciones interpersonales

- **Hecho:** «Mi amigo no respondió mis mensajes y canceló nuestra última reunión».
- **Respuesta mental:** «Puede estar ocupado o pasando por algo. Hablaré con él para entender qué está ocurriendo».

Ejemplo 3: salud

- **Hecho:** «Últimamente estoy cansado y me cuesta concentrarme».

- **Respuesta mental:** «Quizá necesito descansar o ajustar mi rutina. Si persiste, buscaré ayuda médica».

Seguramente te estés preguntando cuál es la diferencia entre ese pensamiento rumiante y otras formas de pensamiento espontáneo como la ensoñación —donde la mente se sumerge en fantasías, escenarios imaginarios o deseos como forma de escape o distracción de la realidad, como cuando sueñas despierto con viajar a un lugar lejano, o imaginas cómo sería tu vida si pudieras alcanzar todos tus sueños— y la divagación mental —donde la mente salta de un pensamiento a otro sin una dirección clara, sin un propósito definido, como cuando escuchas a alguien hablar y tu mente empieza a divagar y terminas pensando algo completamente diferente, como algo que sucedió hace años.

Pues bien, aquí viene la GRAN CLAVE para diferenciarlos: **la rumiación puede empeorar tu ánimo y hacerte sentir preso de tu propia mente, al contrario de los otros estados, donde tus pensamientos se mueven libremente y te llevan a estados mentales neutros o positivos.**

Ahora, este efecto perjudicial de la rumiación se ha relacionado con el inicio, el mantenimiento y la severidad de la depresión y otras enfermedades mentales, es decir, es un proceso cognitivo presente de manera transversal en varios diagnósticos donde la mente no está en equilibrio. De ahí que nos interese entender en profundidad la rumiación como uno de los generadores y perpetuadores de los estados en los que la mente está inquieta e inmersa en un panorama ensombrecido.

En relación con este tema, existen más de siete mil artículos científicos publicados, con un crecimiento exponencial en los últimos años. Como todo en neurociencias, la última palabra no está escrita; sin embargo, espero enseñarte en este libro lo que sabemos por ahora para aumentar tu comprensión y brindarte soluciones para cultivar tu mente calma.

Notas clave

- **La rumiación** implica pensamientos negativos, repetitivos, autorreferenciales, típicamente centrados en el pasado o en el presente (aunque no de manera exclusiva), mediados a través de las palabras generadas en el interior (por esa voz interna desafiante, compleja y crítica) o verbalizadas.
- **Es un proceso** neurocognitivo presente en múltiples condiciones donde la mente no está en equilibrio.

¿El sobrepensar es siempre negativo?

Pensar de manera repetitiva en algo concreto no siempre tiene consecuencias negativas en tu cotidianidad. Pensar en los detalles de cierta situación nos permite entenderla, procesarla, encontrar soluciones y respuestas, recuperarnos en caso de haber experimentado dolor/trauma, promover cambios en nuestra forma de pensar, actuar y planear el futuro. Es decir, el pensar profundizando sobre una situación es una estrategia de regulación mental en la que se intenta experimentar, expresar y regular las emociones para responder a los requerimientos internos y externos.

> Cada pensamiento que sueltas es
> un paso hacia una mente más liviana.

Así, debemos entender que sobrepensar tiene dos dimensiones:

- **Adaptativa,** esa que llamamos «funcional», en la medida en que es un mecanismo intrínseco de tu cerebro como órgano solucionador de problemas que te permite entender la situación y encontrar caminos para resolverla, llevándote a la acción como fuente de calma.
- **Maladaptativa,** a la que nos referimos con la rumiación, que impide resolver de manera adecuada el conflicto interno que enfrenta tu mente.

Notas clave

- **Si hay algo** que te esté afectando o que constituya un problema no resuelto, tu cerebro lo va a amplificar con el fin de encontrar las posibles soluciones o resolver esa lucha mental interna.
- **La rumiación** es una estrategia de regulación emocional maladaptativa, y de todas las estrategias de regulación que hay, es la que mayor asociación tiene con psicopatología o estados de enfermedad de la mente.

Recordatorio amoroso

Hay una delgada línea que separa una función normal o disfuncional en tu mente. Si tus pensamientos son repetitivos, te impiden seguir adelante, te abruman, te paralizan y ensombrecen tu caminar, te invito a que pienses en trabajar sobre la rumiación del pensamiento. No normalices su presencia en tu vida.

Tu **vida** puede ser una **espiral** cargada de **ruido,** pero te aseguro que los **múltiples** susurros pueden bajar su **volumen** de manera gradual.

3

¿Has experimentado el estado mental donde prima el sobrepensar?

Hablar de rumiación lleva a pensar en la línea autobiográfica del tiempo, esa que está relacionada con tu pasado, presente y futuro. En relación con lo anterior, algunos autores han propuesto que la rumiación está orientada sobre todo al pasado (con el recuerdo y la repetición de tu información autobiográfica) y a tu estado mental presente, y en menor proporción, a tu futuro.

Cierra los ojos y piensa cómo se vive la rumiación en tu mente en relación con esa línea del tiempo de tu «yo».

Sé que puede ser complejo identificar si has vivido la rumiación y cómo la has experimentado. Por eso, te quiero enseñar algunos indicadores que pueden ayudarte a determinar si la rumiación, los estados sombríos de tu mente y el sesgo de negatividad han ido ganando terrenos que no merecen en tu vida. Te dejo aquí una *checklist* para que señales el o los que apliquen en tu caso:

- **Te descubres** pensando repetidamente sobre lo mismo, sin avanzar hacia una solución o sin poder liberar tu mente. ○
- **Te concentras** de manera excesiva en tus fallos o en lo que podrías haber hecho diferente. ○
- **Te cuesta** estar en el momento presente y tu mente se aleja con frecuencia hacia las preocupaciones pasadas o futuras.
- **Tus emociones** negativas se amplifican con el tiempo, se repiten una y otra vez en tu mente y no logras encontrar una solución para resolver el malestar. ○
- **Tus pensamientos** están afectando tu concentración, tus emociones y capacidad para disfrutar de las actividades diarias. ○
- **Después de una interacción** social, te encuentras repitiendo mentalmente lo que dijiste o lo que otros dijeron, preguntándote si cometiste un error o si alguien te juzgó. ○
- **Sientes que tu mente** está llena de pensamientos acelerados, confusión y/o preocupación, como si estuvieras atrapado en tu propia red mental. ○
- **Te encuentras** visualizando futuros posibles, llenos de catástrofes o malas decisiones que no han ocurrido, autogenerándote gran preocupación. ○

- **Intentas descansar,** pero tus pensamientos no paran de circular. ○
- **Te levanta** tu mente de madrugada, literalmente a pensar, por ejemplo, a esas horas clásicas entre las dos y las tres de la mañana. ○

Si algunas o todas estas te suenan, es probable que estés experimentando rumiación del pensamiento. Pero no te preocupes, a lo largo del libro aprenderás de dónde proviene este patrón del pensamiento y cómo puedes bajar esa sobrecarga mental.

Nota clave

Algunas personas malgastan tiempo y energía mental intentando discernir el significado y la implicación de sus problemas, experiencias, formas de pensar y actuar, sin llegar a conclusiones que se conviertan en soluciones... ¡de eso se trata la rumiación!

Cuando la mente está inquieta,
los silencios se hacen incómodos.
Calma tu mente y convive en paz
con el silencio.

4

¿Qué efectos tiene la **rumiación** en tu salud?

Tu salud mental

Para nadie es un secreto que la rumiación modifica adversamente la salud de tu mente. Te desgasta, te paraliza, te limita... La pregunta ahora es, ¿qué se ha observado en los estudios científicos en relación con este tópico que tanto nos interesa?

Resulta que el sobrepensar maladaptativo es un fenómeno transdiagnóstico (es decir, que está presente en varias condiciones de enfermedad de la mente), como ya te había mencionado, y te aclaro: **¡la rumiación no es exclusiva de los procesos de enfermedad mental!** Su aparición se asocia con trastornos como la depresión, ansiedad, trauma psicológico, trastorno obsesivo compulsivo, trastorno afectivo bipolar, psicosis, abuso de sustancias, riesgo de autolesiones, atracones, agotamiento mental, insomnio, estrés, y, claramente, puede deteriorar tus relaciones interpersonales, productividad, patrón de sueño y bienestar en general.

Además, como proceso cognitivo, puede iniciar, intensificar y prolongar los estados de ánimo negativos (como la tristeza, la ansiedad y la rabia), dificultando tu recuperación emocional; aumentar la reactividad emocional en relación con un siguiente acontecimiento estresante que ocurra en tu vida e interferir en el camino para encontrar una solución adecuada a los problemas, haciendo que predominen el pesimismo y una menor capacidad para resolver la dificultad que tengas. De todo ello podrás inferir que **es un estado francamente paradójico porque, a pesar de estar amplificando los problemas, no logras llegar al detalle profundo y real de estos, y tu mente se estanca en una fase repleta de ruido y sin soluciones.** Lo anterior contribuye al estrés crónico y a la duración de una experiencia emocional francamente adversa.

La rumiación también puede aumentar la sensación de estar pisando un terreno incierto en el día a día, impidiendo que aflore la confianza en tus decisiones y acciones; modificar tu funcionamiento mental con menor concentración, atención, control y flexibilidad cognitiva, que básicamente es ajustar tus respuestas emocionales, cognitivas y comportamentales a partir de la información que estés recibiendo; impedir que tu cerebro cuestione su realidad, haciendo que se perpetúe la preocupación, en vez de encontrar evidencia que te permita estar en desacuerdo con lo que te muestra tu propia mente. Es decir que es un estado que te impide interrogar tus propios pensamientos y tomar acción para salir de ese bucle sin sentido.

Además, este fenómeno puede afectar tu socialización, limitar la capacidad de recuperación y respuesta al tratamiento cuando hay enfermedad mental y reducir la capacidad sanadora que se activa de manera normal en tu mente al recibir retroalimentación positiva de las personas que te rodean y que intentan contenerte emocionalmente y ayudarte a encontrar soluciones. Es decir que todo lo que te digan para mejorar tu salud mental no es bien recibido por tu cerebro y, por el contrario, solo intensifica sus sombras.

Espero que con esta información y con todo lo que descubrirás en este libro te llenes de motivos para entender y controlar la rumiación y, por supuesto, sacarla de tu vida.

Notas clave

- Las personas que tienden a presentar rumiación muestran una atención sostenida hacia los estímulos negativos y presentan, con más frecuencia, pensamientos catastróficos y pesimistas. Recuerda: **es un efecto lupa hacia lo negativo, cuanto más te acercas, más se amplifica.**
- Una de las posibles explicaciones alrededor de la rumiación es el déficit de control inhibitorio que te atrapa en esos bucles continuos sin sentido. Es decir que hay un problema para inhibir o apagar esa tendencia cognitiva a sobrepensar, haciendo que te quedes atrapado con más facilidad en las experiencias que vives en el día a día y en el afecto negativo. Ya te contaré, más adelante, las posibles raíces de esa rumiación.

La rumiación es un estado de vulnerabilidad mental que duele y hace daño.

Tu salud física

Más allá de los efectos sobre tu salud mental, los estudios han mostrado que la rumiación también implica un mayor riesgo de desenlaces negativos en términos de salud física y puede ayudar a desarrollar una enfermedad corporal generalizada, incluido un aumento del riesgo de enfermedad cardiovascular.

Una de las posibles explicaciones es que **los procesos donde hay repetición crónica de ciertos pensamientos reactivan una y otra vez los sistemas de alerta en tu cuerpo como si estuvieran ocurriendo en tiempo real.** Lo anterior implica que las estructuras y sustancias relacionadas con el estrés se «encienden» continuamente, en vez de hacerlo solo de manera limitada y adaptativa frente a una situación estresante aguda, como ocurre en las personas que no experimentan rumiación.

Lo que te quiero decir es que la rumiación promueve un estado de supervivencia continua, que es básicamente estar «al rojo vivo», con el botón de alarma activado todo el tiempo y sin herramientas para apagarlo.

Ahora te explicaré los cambios crónicos que puedes experimentar si persistes en este estado de estrés continuo:

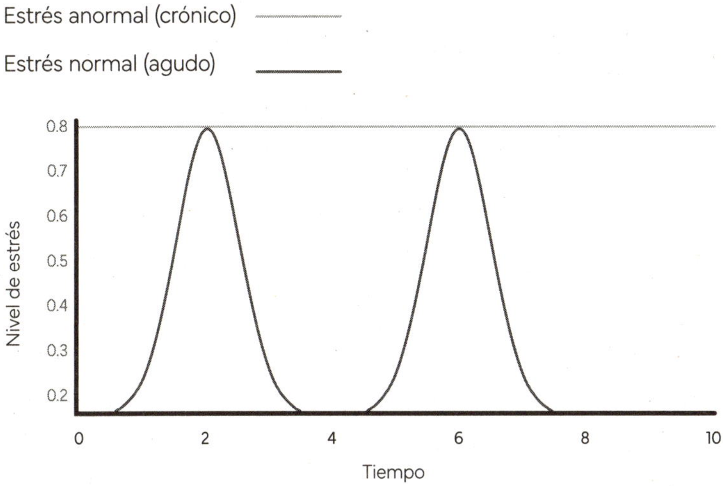

- **Aumento** de la actividad de tu sistema nervioso simpático (lo conocemos como mayor tono simpático y es el que se activa en las respuestas de supervivencia, lucha y huida), con cambios secundarios a nivel cardiovascular, como por ejemplo que se eleven tu frecuencia cardíaca (taquicardia) y tu presión arterial (hipertensión arterial). Déjame mostrarte la dualidad de la fisiología de nuestro sistema nervioso autónomo y sus dos ramas (simpática y parasimpática) para mayor comprensión de los cambios globales que experimenta tu sistema:

Sistema nervioso simpático (activación, alerta y respuesta lucha/huida)	Sistema nervioso parasimpático (equilibrio, calma y relajación)
Dilata las pupilas (midriasis)	Contrae las pupilas (miosis)
Aumenta frecuencia respiratoria y dilata las vías respiratorias (broncodilatación)	Disminuye frecuencia respiratoria y contrae los bronquios (broncoconstricción)

Sistema nervioso simpático (activación, alerta y respuesta lucha/huida)	Sistema nervioso parasimpático (equilibrio, calma y relajación)
Genera boca seca	Produce saliva
Aumenta frecuencia cardíaca	Disminuye frecuencia cardíaca
Aumenta presión arterial	Disminuye presión arterial
Inhibe sistema digestivo	Estimula motilidad digestiva
Mantiene tono muscular	Relaja los músculos
Contrae los vasos sanguíneos (vasoconstricción)	Dilata/relaja los vasos sanguíneos (vasodilatación)

- **Cambios** en tu sistema inmune, que implica alteración en tus defensas, observando supresión de un tipo de células blancas que conocemos como los linfocitos «T». Estas células tienen la función esencial de coordinar la respuesta inmunológica (son importantes directoras de orquesta, con el fin de controlar y moderar dicha respuesta, y así evitar que sea excesiva o dañina) y destruir las células infectadas o anormales (por ejemplo, las cancerosas).
- **Activación** crónica del eje hipotálamo-hipófisis-adrenal (te lo explico en detalle más abajo), un conjunto clave donde se unen tus sistemas nervioso y endocrino para mantener la homeostasis (equilibrio) en tu cuerpo y coordinar la liberación de hormonas del estrés, incluido el cortisol.

Este sistema se activa normalmente de forma intermitente en el día a día para responder de manera rápida y efectiva al estrés, mantener tu energía y modular la inflamación y tu sistema inmune. Sin embargo, en el caso de una mente agitada y de estrés persistente, se activa crónicamente. Lo anterior no es sostenible en el tiempo y termina amplificando los estados de ánimo vulnerables y produciendo fatiga crónica, alteración del sueño, síndrome metabólico (grupo de trastornos que surgen al mismo tiempo y que aumentan el riesgo de presentar enfermedad cardíaca, enfermedad cerebrovascular y diabetes tipo 2), enfermedades inmunológicas, intestino irritable, y úlceras gástricas, entre otras tantas condiciones.

Esto te lo cuento no para generarte temor frente a los desenlaces físicos y mentales asociados con la rumiación, sino para que comprendas lo importante que es trabajar para atenuar su aparición en tu día a día.

Notas clave

- **En pacientes** con rumiación observamos niveles más elevados y persistentes de cortisol y una recuperación más lenta de esta sustancia tras un acontecimiento estresante.
- **Trabajar** sobre tu mente es una forma de cuidar la salud de tu cuerpo.

Apartado anatómico:

El hipotálamo y la hipófisis (o glándula pituitaria, como quizá también la hayas escuchado) son dos estructuras clave de tu sistema nervioso central, que quedan en toda la mitad de tu cerebro, en estrecha proximidad anatómica, encima de una estructura ósea cóncava que se conoce como la silla turca y cuyo nombre fue dado por los anatomistas del Renacimiento por su forma similar a las sillas de montar utilizadas por los turcos otomanos de la época. Tanto el hipotálamo como la hipófisis trabajan en conjunto para regular diferentes funciones en tu cuerpo, incluidos el equilibrio hormonal, la respuesta al estrés, el hambre, la sed y el sueño.

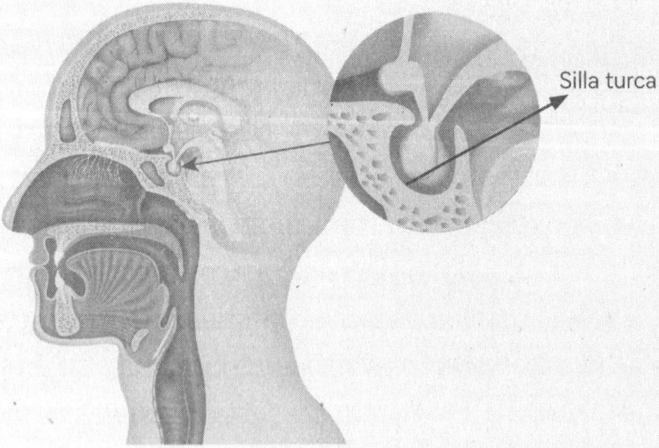

El hipotálamo tiene el tamaño de una almendra y está justo encima de la hipófi sis. Actúa como el director de orquesta e integrador de los procesos que permiten tu equilibrio corporal, incluidos la temperatura de tu cuerpo, la osmolaridad (cantidad de agua en tu organismo), el ritmo circadiano (tu reloj biológico interno, que dura aproximadamente 24 horas), el apetito, el sistema nervioso autónomo y las emociones (por su conexión con otras estructuras relacionadas con tu ánimo como el sistema límbico y la región prefrontal, que ampliaremos más adelante).

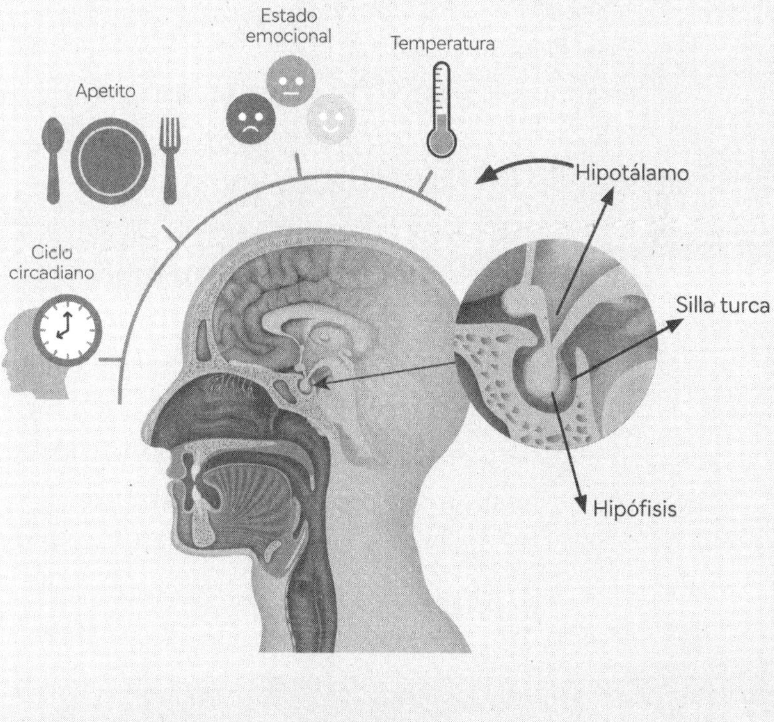

Además, actúa en conjunto con la hipófisis, como te mencioné, con el fin de regular la actividad de tus hormonas, según las necesidades del organismo, liberándolas para ejercer control sobre otros centros corporales. Entonces, podríamos decir que el hipotálamo es el «gran jefe» en tu cerebro, en términos de salud hormonal; la hipófisis es la directora que recibe sus órdenes, y el resto de glándulas son los soldados de batalla.

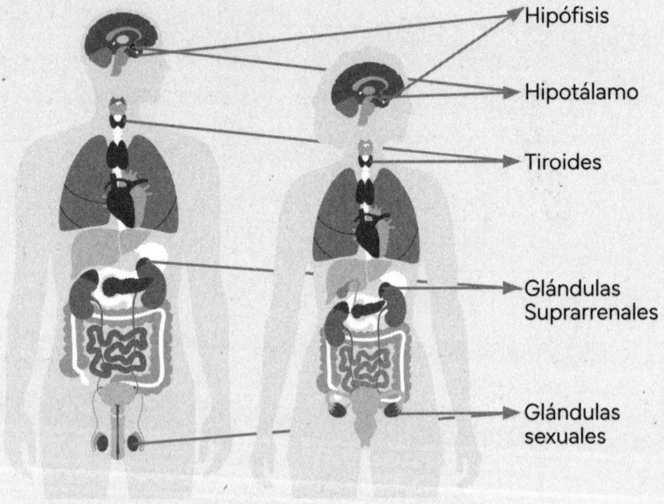

La hipófisis se conecta directamente al hipotálamo a través del tallo hipofisiario. Tiene forma ovalada y el tamaño de un guisante. Es conocida como la glándula maestra del sistema endocrino porque controla otras estructuras, como te mencioné, incluidas la tiroides, el sistema reproductor y las glándulas suprarrenales. Tiene dos partes, anterior y posterior, y se encarga de producir y secretar hormonas (gracias a la «orden» que le da el hipotálamo) esenciales para tu metabolismo, como las de crecimiento, maduración sexual, reproducción, regulación del estrés y de la tiroides, lactancia, equilibrio corporal del agua y de la presión sanguínea.

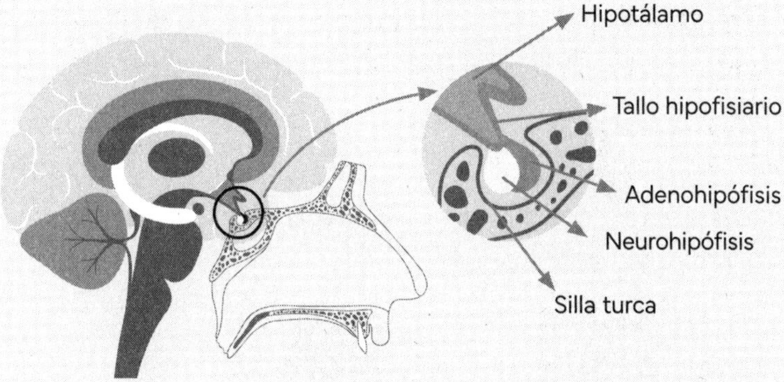

Por otro lado, las glándulas suprarrenales son dos órganos endocrinos pequeños, ubicados sobre el polo superior

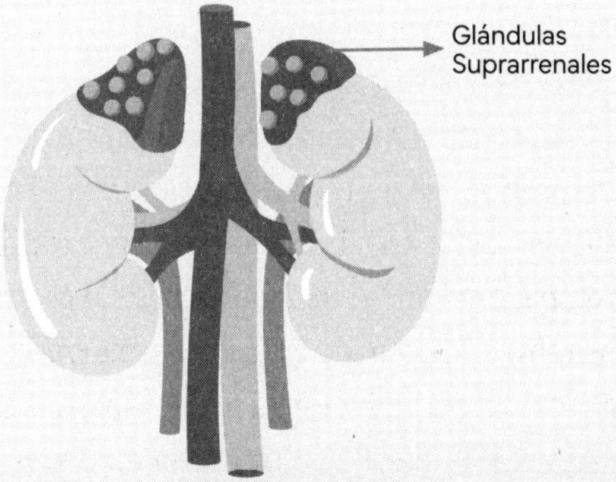

de tus riñones, y son esenciales para producir hormonas como cortisol, aldosterona, andrógenos, adrenalina y noradrenalina, relacionadas con la regulación de diversas funciones corporales metabólicas, inmunológicas, cardiovasculares (presión arterial y la frecuencia cardíaca) y, por supuesto, con la respuesta al estrés, que tanto nos interesa en este libro.

¿La enfermedad del cuerpo promueve la rumiación?

Hemos observado que la rumiación es elevada en personas con enfermedades crónicas (como enfermedad cardiovascular, obesidad y dolor crónico). Es decir que hay una verdadera y tangible relación bidireccional entre tu cerebro y tu cuerpo. Además, la rumiación se presenta con más frecuencia cuando hay una alteración en la regulación de nuestras funciones primordiales, incluyendo personas con aumento de la presión arterial o de la frecuencia cardíaca y disminución de la variabilidad cardíaca.

Nota clave

La variabilidad de la frecuencia cardíaca es un método no invasivo para medir la regulación del sistema nervioso autónomo sobre tu corazón (a nivel del nodo sinusal, si quieres un poco más de detalle anatómico). Cada vez nos interesa más como indicador de salud y ya se registra e interpreta en los dispositivos *wearables*, como los relojes inteligentes. Se observa como el intervalo siempre cambiante entre los latidos de tu corazón, midiendo los milisegundos que pasan entre uno y otro (es decir que se refiere a las ligeras fluctuaciones en el tiempo que se presentan normalmente entre los latidos). En términos más amables, significa que, si tu corazón late a 80 pulsaciones por minuto, esos 80 latidos en condiciones normales no estarán espaciados de manera uniforme o exacta el uno del otro, como si fuera un marcapasos rígido, sino que serán variables/fluctuantes. Por el contrario, en condiciones como el estrés crónico físico o emocional, la fatiga y la enfermedad cardiovascular, esta variabilidad puede estar disminuida.

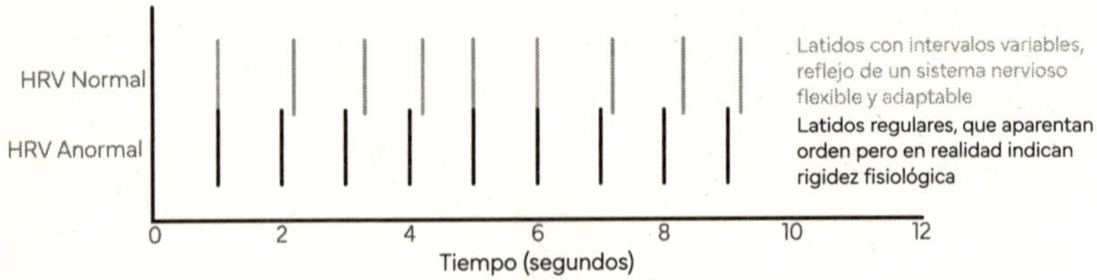

Variabilidad de la Frecuencia Cardíaca (HRV)

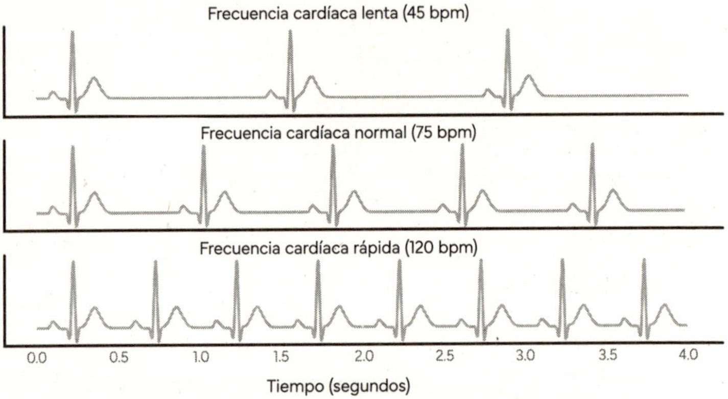

Latidos cardíacos

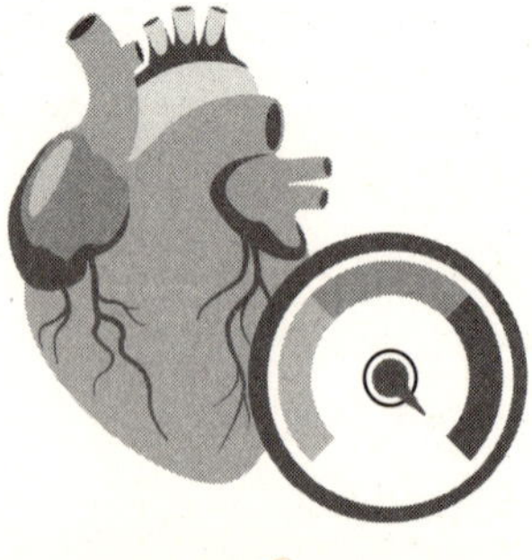

Presión arterial

Recordatorio amoroso

Si mi mente está enferma, mi cuerpo también se puede enfermar, y viceversa.

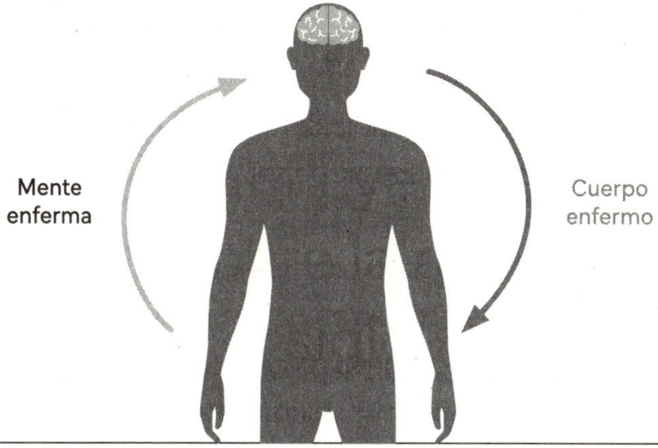

Notas clave

- **La rumiación** puede contribuir a un estado de amenaza o alerta autonómica donde predomina el sistema simpático y donde hay una respuesta exagerada al estrés en el eje hipotálamo-hipófisis-adrenal, con sus efectos deletéreos a nivel de todo tu cuerpo.
- **Los cambios** que se observan en la fisiología con la rumiación del pensamiento podrían explicar la asociación frecuente entre una pobre salud mental y física, por ejemplo, con el hecho de sobrepensar, o tener depresión y enfermedad cardiovascular de manera concomitante.

La **mente** se alimenta en el **presente**, no con cargas de **ayer**.

5

¿Cuál es el origen neurocientífico de la rumiación del pensamiento?

Tu cerebro es un órgano altamente complejo, enigmático e hiperconectado que recibe continuamente incontables estímulos de diversa índole (visuales, auditivos, vestibulares, olfatorios, propioceptivos, táctiles y gustativos). Ponte a pensar ahora que estás leyendo este apartado en la manera en que tu cuerpo está procesando probablemente varios estímulos al mismo tiempo (lo que estás leyendo, la bebida que estás tomando, la música que escuchas, por darte algunos ejemplos). Además de recibir información, también se encarga de enviar impulsos eléctricos y químicos para controlar funciones en su interior y en el resto del cuerpo.

Además, hay diferentes áreas cerebrales y circuitos neuronales implicados en la rumiación del pensamiento, en los que se observan cambios en su activación (como se prenden o se apagan), en el poder o la fuerza de la actividad de las neuronas locales y la forma en la que se conectan. Entre estas áreas se encuentran regiones cerebrales corticales (que corresponden a la superficie de tu cerebro) y subcorticales (en la profundidad) como el prefrontal, el giro frontal inferior y medio, el cíngulo, la amígdala, el hipocampo, el parahipocampo, la ínsula, la precuña y el estriado. En general, estas estructuras están relacionadas con tus funciones mentales autorreferenciales, esas que te permiten mirar hacia tu mundo interno, amplificar lo ocurrido con tu «yo» del pasado, presente y futuro, y que tu «yo» interactúe con otros.

Está claro que la última palabra sobre este tema no está escrita y que los interrogantes son aún mayores que las soluciones u oportunidades que hemos encontrado. Sin embargo, te mostraré algunos datos sobre sitios clave implicados en este proceso, según los hallazgos en estudios científicos, para que entendamos las soluciones que te planteo para encontrar gradualmente tu mente calma.

Recordatorio amoroso

Entender por qué y dónde se genera la rumiación nos permite comprender sus raíces, implementar medidas efectivas para tratarla y prevenirla, y encontrar, desde la neurociencia, escenarios novedosos terapéuticos potenciales para un futuro inmediato y a largo plazo, con el fin de aliviar la carga que representa esta condición en el día a día.

Prefrontal

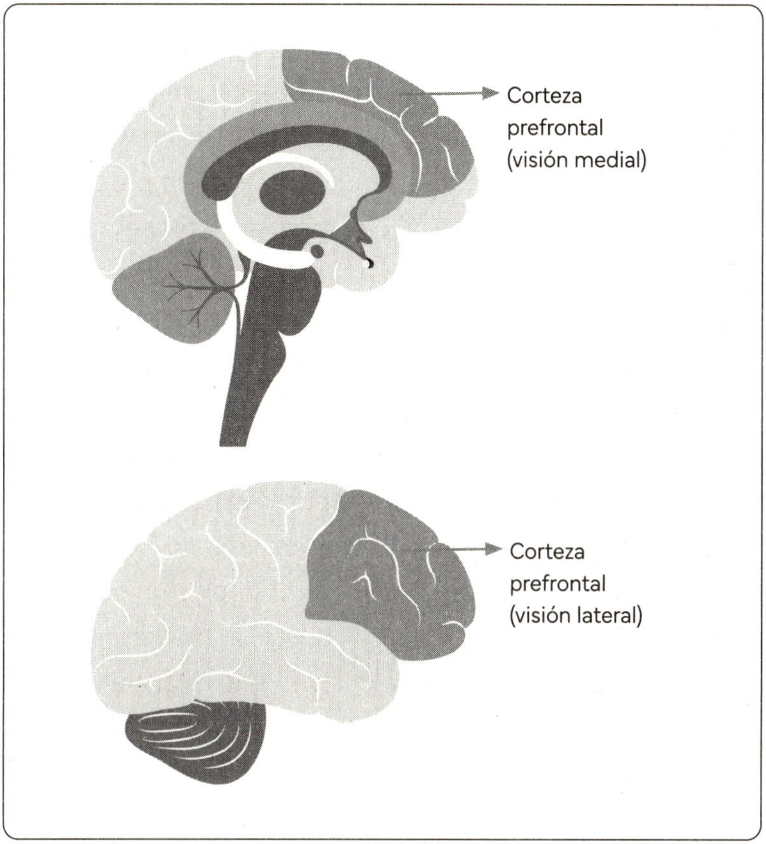

Esta es el área ubicada en la parte frontal de tu cerebro. Te confieso que es una de las que más me apasiona, junto con la ínsula (ya te la mostraré más adelante). Se caracteriza por tener múltiples conexiones con otras áreas cerebrales, incluidos centros sensoriales, tu sistema límbico (o centro de las emociones), el estriado (relacionado con tus movimientos, motivación, procesamiento de las recompensas, toma de decisiones e interacciones sociales), el hipotálamo (el «gran jefe» que ya conoces) y el tálamo (que es un gran punto de relevo en el centro de tu cerebro dedicado a recibir, enviar, filtrar e integrar información); de ahí que el prefrontal tenga implicaciones en diversas funciones a nivel global, incluidas el pensamiento lógico, la anticipación, la planificación, la atención, el aprendizaje, la toma de decisiones, la regulación emocional y el autocontrol. Dentro de esas funciones de control están, por ejemplo, suprimir el sobrepensar y los comportamientos socialmente no aceptados. Literalmente funciona como un extintor para apagar los incendios internos permitiéndote volver a la calma.

Caso clínico

El caso de Phineas Gage ayudó a comprender cómo las lesiones del prefrontal tienen implicaciones en la forma en que pensamos, actuamos e interactuamos. Gage fue un trabajador ferroviario estadounidense que sobrevivió a un accidente a mediados del siglo XIX y cuya personalidad cambió por completo después de que una chispa accidental provocara una explosión que generó que una barra de al menos un metro de largo y tres centímetros de diámetro atravesara su cráneo, específicamente en el lóbulo frontal. Pasó de ser un hombre tranquilo, trabajador, amable y responsable a convertirse en una persona con comportamientos socialmente inapropiados (impulsivo, grosero, menos fiable, sin capacidad de planificación), debido a una disfunción de su prefrontal.

Además de estar asociada a la personalidad, el pensamiento y el comportamiento, la disfunción de esta área del cerebro se ha relacionado con condiciones como la depresión, el abuso de sustancias, el trastorno del espectro autista y el trastorno obsesivo compulsivo, entre otras, incluida la rumiación del pensamiento.

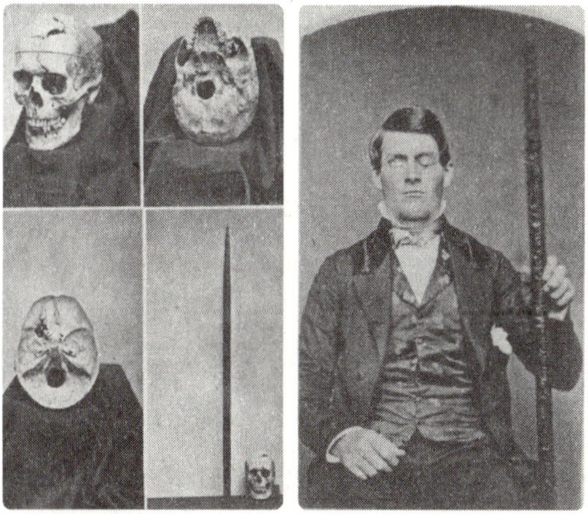

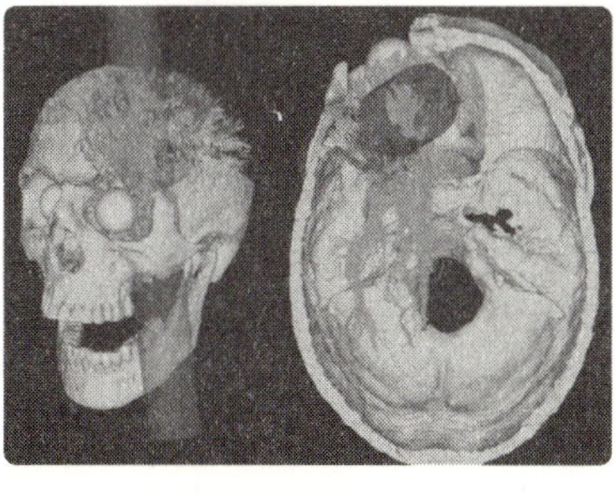

Escanea el código para ver un modelo tridimensional de la lesión de Phineas Gage

Nota clave

La idea es fortalecer ese prefrontal (específicamente la región ventromedial, es decir, hacia la línea media o mitad de tu cabeza) a través de diferentes técnicas para calmar tu mente y gestionar mejor tus emociones cuando estés en un ciclo de rumiación. ¡Ya aprenderás múltiples formas de hacerlo más adelante!

Amígdala cerebral

A la región ubicada en la profundidad de tu sien la llamamos el área temporal medial (está justo hacia la mitad de tu cerebro) y está compuesta por estructuras como el hipocampo, el parahipocampo y la amígdala cerebral. De cada parte que te menciono, hay una en el hemisferio izquierdo y otra en el derecho. En conjunto, y a través de las redes con las que

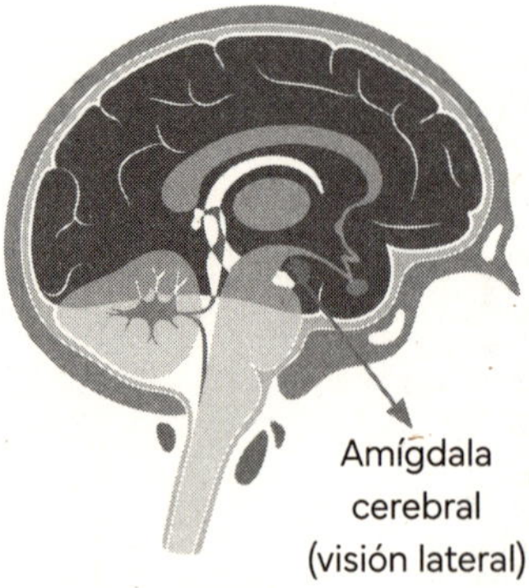

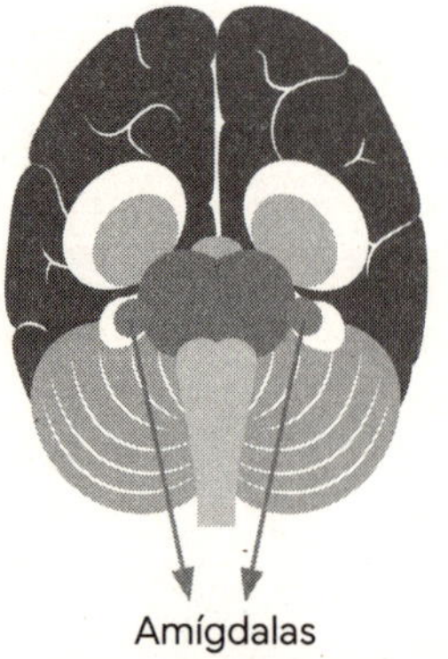

conectan, se encargan de numerosos procesos cognitivos como el almacenamiento y consolidación de tus recuerdos a largo plazo, la navegación espacial cognitiva (que te puedas orientar y desplazar en el entorno), la regulación de tus emociones y la forma en la que aprendes, tomas decisiones y te comportas en sociedad.

Nota clave

Ahora ya te das cuenta de que no solo tienes amígdalas en tu garganta, sino que también hay dos estructuras que denominamos amígdalas (unas cerebrales, relacionadas con tu reactividad emocional, que son las que nos interesan en la rumiación, y otras cerebelosas, que están ubicadas en la parte posterior de tu cabeza en una estructura que conocemos como cerebelo).

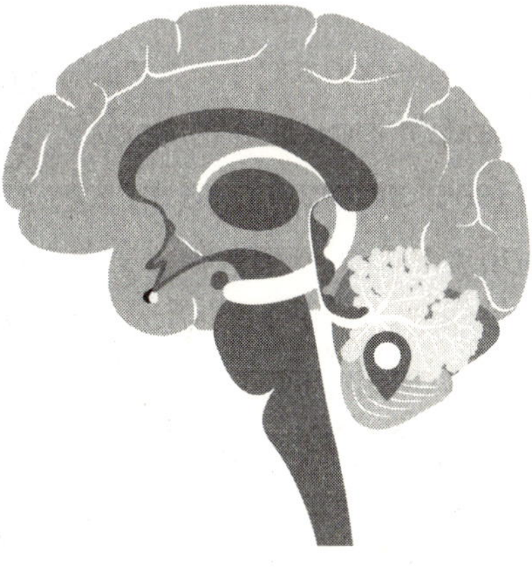

Amígdala cerebelosa

En particular, la amígdala cerebral y sus múltiples conexiones intrincadas son cruciales para modular específicamente la forma en la que nos comportamos e interactuamos con la sociedad, además de nuestra motivación y las emociones que experimentamos. Esta estructura se puede ver afectada en condiciones como el trastorno del espectro autista, el trastorno de ansiedad, el pánico y, por supuesto, la rumiación mental.

La amígdala cerebral se activa de manera anormal —como si estuviera más reactiva y de manera sostenida, literalmente como un botón de «modo supervivencia activado»— en las personas que sobrepiensan, condicionando un estado de autocrítica, hipervigilancia y malinterpretaciones de estímulos emocionales, como si todo representara una amenaza.

Nota clave

Una posible solución para la rumiación es emplear técnicas cotidianas que regulen la reactividad de tu amígdala cerebral para salir de ese estado de alarma persistente e intranquilidad.

Hipocampo

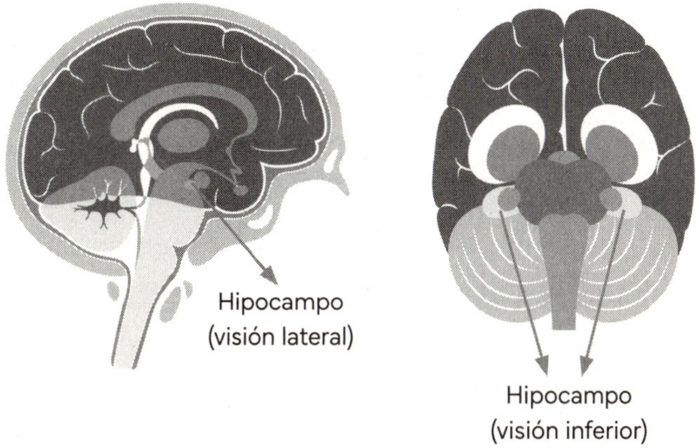

El hipocampo es el centro que te permite almacenar nueva información (como si fuera el punto de partida de la memoria en tu cerebro), y es a través del sueño que pasas dicha información (que acabas de grabar) a la neocorteza (la parte más evolucionada de tu cerebro y que cubre su superficie y representa la «línea de meta» de la memoria), para que se quede grabada a largo plazo. Sin embargo, la evidencia actual coloca al hipocampo como una estructura que va más allá de ese contenido mnésico que nos han enseñado de manera clásica en la neuroanatomía básica. Ahora ya sabemos que está relacionado con el viaje que te permite tu mente a lo largo de tu propia línea del tiempo (para ir hacia tu «yo» del pasado, presente y futuro) y con la imaginación visoespacial (esa que permite visualizar y manipular mentalmente espacios, pensamientos y relaciones), elementos clave cuando nos ponemos a sobrepensar.

Notas clave

- **En la rumiación** se refuerzan, como ya sabes, recuerdos negativos; estos vuelven a la mente repetidamente y hacen que sean difíciles de superar o dejar atrás, como si le estuvieras dando «reproducir» de manera consciente e inconsciente, una y otra vez, a las mismas vivencias (con frecuencia dolorosas). Ya te imaginarás cómo se activan tus centros cerebrales relacionados con los recuerdos autobiográficos para que puedas traerlos a tu presente, intentando, entre otras cosas, procesar lo vivido, el dolor, el trauma y/o lo que no concluiste de la mejor manera.
- **Algunos autores** consideran que el hipocampo es el corazón de nuestra vida mental, y ahora que ya entiendes qué te permite hacer en la cotidianidad, puedes entender por qué lo dicen. ¡Una maravilla!, ¿cierto?
- **Más adelante** te enseñaré técnicas para que fortalezcas tu hipocampo y grabes espacios de bienestar mental, no de supervivencia y trauma.

Ínsula

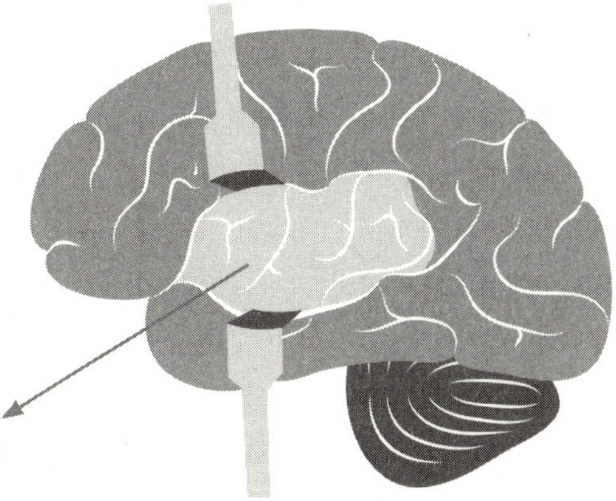

Su nombre proviene del latín *insŭla*, que significa «isla» o «casa aislada». Te propongo que la identifiques como un pequeño cerebro dentro de tu cerebro, en la medida en que es una estructura multimodal (o que sirve para muchas cosas, ¡ya te imaginarás lo compleja que es!), relacionada con la función motora, sensitiva, autonómica, además de tu lenguaje, olfato, gusto, dolor, emociones, motivación, interocepción (percibir las señales en el interior del cuerpo, como por ejemplo cuando sientes tus latidos del corazón cuando estás en el silencio de la noche), entre otros. ¡Es realmente sorprendente! La ínsula se caracteriza por tener una forma triangular o trapezoide y tiene entre tres y seis giros (o elevaciones... son como montañas que aumentan su superficie entre los picos y valles que tiene el cerebro), según los estudios de anatomía quirúrgica.

Esta «isla» está ubicada en la profundidad de tus lóbulos frontal y temporal y es una región clave para modular la forma en la que dirigimos nuestra atención hacia el interior y el exterior. Su hiperreactividad se ha visto relacionada con la rumiación y el sesgo de memoria negativo, es decir, esa capacidad para recordar, reconocer y sobredimensionar lo negativo que ocurre en la interacción entre tu «yo» y el exterior.

Nota clave

La ínsula, el cíngulo anterior y el tálamo se encargan de la regulación de tu sistema nervioso autónomo, ese que controla funciones involuntarias (esas en las que tú no tienes que hacer nada para que funcionen) como tu frecuencia cardíaca, presión arterial, temperatura corporal y digestión, y que tiene dos partes que ya has aprendido: el simpático (que se encarga de la respuesta de lucha o huida) y el parasimpático (que se encarga de las funciones corporales durante el descanso y la relajación). En la rumiación, debido a la disfunción que se observa en estas estructuras, se presenta una disminución del control parasimpático (de calma) sobre el corazón, llevándote a sentir, por ejemplo, palpitaciones cuando estás sobrepensando sin control, y una disminución en la variabilidad de la frecuencia cardíaca, como ya te expliqué en relación con ese estado de alarma y estrés.

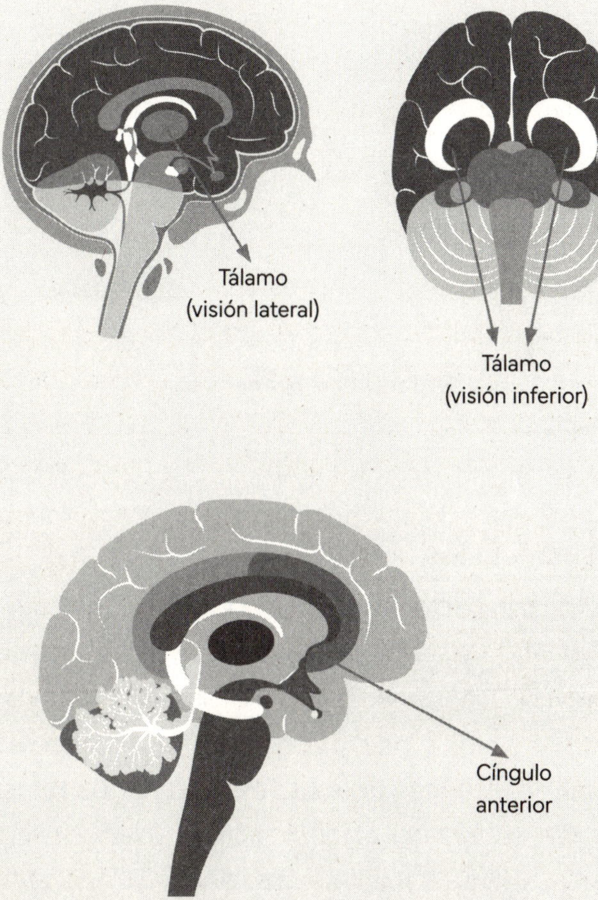
Tálamo
(visión lateral)
Tálamo
(visión inferior)
Cíngulo
anterior

Red neuronal por defecto, red ejecutiva central y red de saliencia

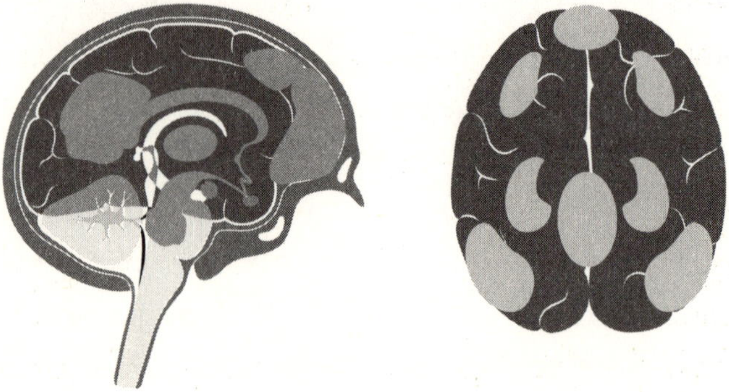

Red neuronal por defecto

Apartado anatómico

La red neuronal por defecto está compuesta por diferentes estructuras a lado y lado, delante y detrás en tu cerebro, que incluyen la corteza prefrontal medial, el cíngulo anterior y posterior, la precuña, el lóbulo parietal inferior, la unión temporo-parietal, el lóbulo temporal (medial y lateral), el polo temporal, la corteza parahipocampal y la corteza retroesplenial.

Probablemente la red neuronal por defecto sea una de las redes que más me interesa entender a través de los estudios emergentes en neurociencias, por su gran implicación en términos de salud mental. Por supuesto, quiero enseñarte sus funciones para que tú también comprendas su importancia y, claro está, aprendas a modificar su conectividad (con medidas no farmacológicas que veremos en la segunda parte de este libro) a favor de tu bienestar cerebral.

Se trata de un circuito que se activa por lo general cuando tu mente está en reposo, cuando te «elevas» (probablemente a todos nos ha pasado que nos perdemos en nuestros propios pensamientos mientras el mundo sigue girando) o cuando realizas actividades centradas en ti. Por el contrario, se desactiva cuando estás realizando una acción. Además, está relacionada con otras funciones como la cognición social (es decir, esas habilidades cognitivas que te permiten interactuar de manera efectiva en contextos sociales, comprender las emociones, intenciones y pensamientos de los demás), la memoria autobiográfica y episódica (para almacenar información sobre experiencias personales y momentos específicos de tu vida y del pasado en general, como el día de tu cumpleaños, una conversación con una persona especial, el día en que nacieron tus hijos, falleció un ser querido o te rompieron el corazón), el lenguaje y la memoria semántica (para almacenar hechos y conocimientos generales que incluyen saber que el Sol es una estrella, los nombres de los continentes, o saber que un bolígrafo sirve para escribir, entre otros tantos ejemplos).

Si le hacemos *zoom* a esta red, nos encontramos con que se encarga de integrar la memoria, el lenguaje, la semántica y la autobiografía, para crear la representación de tu narrativa interna, una que sea coherente para ti y que refleje tu experiencia individual. Esta narrativa es un componente vital de la conciencia humana y está construida con base en tu «yo» y en la manera en la que te autopercibes y cómo interactúas con los otros. Es decir que está relacionada con tu línea de tiempo autobiográfica, que te manda a tu pasado (para recuperar y reflexionar sobre experiencias), presente (para que percibas cómo está tu estado mental) y futuro (para que sueñes y planees acontecimientos hipotéticos).

Se ha especulado que la construcción de esa narrativa interna se da en la infancia temprana, gracias a la interacción entre tus pensamientos y el lenguaje interno y externo. En relación con esto, Vygotsky propuso que el lenguaje interno era el fruto de la internalización del lenguaje que escuchamos de otros, y que posteriormente usamos para pensar, reflexionar y comunicarnos con nosotros mismos y con el resto de las personas, y para regular nuestras acciones y pensamientos. Literalmente es un monólogo interno «silencioso», creado desde el exterior, que se vuelve gradualmente en una forma de autorregulación, planificación, comunicación e interacción con nosotros mismos y con la sociedad.

Esta gran red neuronal por defecto, y todos los nodos o puntos de conexión en su interior, puede verse afectada (o activada de manera diferente) en condiciones neuropsiquiátricas como la depresión y ansiedad, cuando sientes que te pesa la soledad y se pierde el sentido que tiene la vida. De ahí que en esas condiciones se vea una rumiación del pensamiento excesiva, que lleva a las personas a una inmersión profunda y compleja en su propia mente.

Nota clave

Nos interesa entonces cambiar la manera en la que funciona esa red neuronal por defecto, así como otras grandes redes aliadas, como la red ejecutiva central (que nos ayuda a la regulación de la atención, a priorizar, a suprimir respuestas automáticas o irrelevantes y a resolver problemas) y la red de saliencia (que actúa como interruptor para decir qué estímulos merecen atención y cuáles pueden ignorarse; por ejemplo, cuáles son los estímulos emocionalmente significativos, o identificar una verdadera amenaza anclada a una expresión facial de peligro), a través de las diferentes técnicas que te voy a enseñar, para bajar la intensidad y la frecuencia de la rumiación del pensamiento que experimentas. Además, podrás suprimir cada vez de mejor manera esos pensamientos autorreferenciales, identificar las verdaderas amenazas y llevar tus pensamientos hacia una versión más saludable.

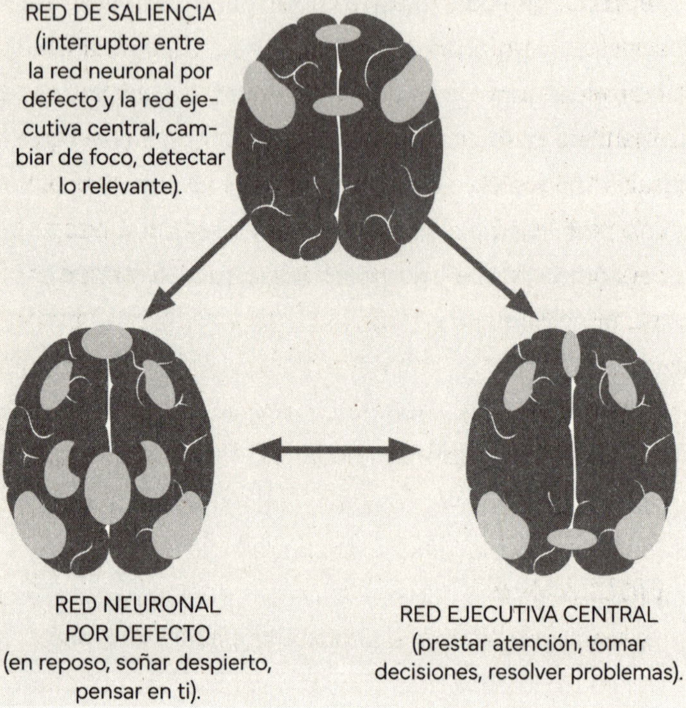

La rumiación del pensamiento y su relación con la neuroplasticidad

La rumiación se aumenta a través de la neuroplasticidad, esa función cerebral que te permite desarrollar nuevas conexiones neuronales y/o nuevas neuronas a tu favor o en contra tuya. Pero ¿eso qué significa?

Tu cerebro tiene múltiples autopistas, unas fáciles de transitar y otras que son más complejas. Resulta que el repetir una y otra vez pensamientos y/o acciones hace que se fortalezcan esas autopistas o conexiones neuronales, y esto lleva a que el sobrepensar, si se presenta de manera repetitiva, se convierta en la autopista fortalecida (hábito automático negativo) que se activa en tu mente como primera opción en la cotidianidad; es decir, que la rumiación se vuelva la red que se prende «por defecto», secundaria a una forma de neuroplasticidad negativa. Lo anterior también refuerza las autopistas relacionadas con tus emociones negativas y los patrones del pensamiento autorreferenciales, promoviendo la creación de un circuito cerrado donde se está rumiando y pensando en negativo alrededor del «yo», y bloqueando o limitando la activación de vías o caminos neuronales alternos y positivos.

Nota clave

La neuroplasticidad no siempre es positiva.

Recordatorio amoroso

Si te quejas todo el tiempo, tu cerebro aprende a ver lo negativo en cada situación y te quejarás una y otra vez como hábito. Por el contrario, si agradeces una y otra vez, tu cerebro sacará más fácilmente los arcoíris posibles de cada situación.

La neuroplasticidad es como un río que nunca deja de fluir y que puede esculpir paisajes de aprendizaje, tranquilidad y hábitos positivos, o puede cavar surcos profundos de dolor, culpa, rumiación y procrastinación. No permitas que tu mente sea prisionera de su propio cauce.

Notas clave

- **Déjame explicártelo** con el siguiente bucle. Tus pensamientos negativos activan tus emociones y, a su vez, dichas emociones potencian la aparición (frecuencia e intensidad) de esos pensamientos. Estamos hablando de un gran bucle que se alimenta a sí mismo y que espero que rompas para encontrar alivio y tranquilidad.
- **La idea es mejorar** la función de estos múltiples circuitos a través de técnicas que te ayuden a interrumpir de manera adecuada los patrones de rumiación y restaurar el equilibrio cerebral.

Uno de los **secretos** para una **mente ligera** es tener **menos listas** mentales de **cosas** que podrían salir **mal.**

6

¿Cuáles son los factores de riesgo que aumentan la predisposición a tener rumiación del pensamiento?

Existen diferentes activadores de la rumiación del pensamiento; es decir que se trata de un proceso multifactorial, donde aspectos biológicos, psicológicos y sociales confluyen para el desarrollo de este hábito mental negativo. Dichos factores no actúan de forma aislada, sino que se potencian mutuamente.

Por ejemplo, un trauma (factor psicológico) combinado con una alteración en la regulación emocional (factor biológico) y vivir en una comunidad donde la violencia es el común denominador (factor social) pueden aumentar la tendencia a rumiar.

Te pido que los leas con detenimiento y pienses en cuáles están presentes en tu vida y requieres modificar, disminuir o sanar a través de técnicas de regulación emocional, apoyo multidisciplinario y cambios en el estilo de vida como parte esencial del proceso de alivio de tu mente.

Nota clave

- **Identificar las raíces** de tu sobrepensar te permite encontrar con más facilidad las soluciones. Es decir que no todas las personas que tienen rumiación están «en el mismo costal»... Recuerda: hay múltiples raíces asociadas a la rumiación que no necesariamente implican un proceso de enfermedad mental.

Tu estado de ánimo

Las personas con alteraciones del ánimo como la depresión y la ansiedad pueden ser más propensas a la rumiación del pensamiento, como ya habrás notado a estas alturas. Imagínate ahora esos centros de regulación emocional alterados, incluida esa red neuronal por defecto conectada de manera diferente (generando una exacerbación de pensamientos alrededor de tu pasado, presente y futuro) y ese prefrontal que no logra extinguir, de manera adecuada, los incendios que genera tu amígdala cerebral.

¿Qué pasa en la depresión?

La rumiación hace que las personas tiendan a focalizar más en sus síntomas depresivos, sus posibles causas y consecuencias, pudiendo agravar y mantener la depresión, empeorando la sintomatología, dificultando la recuperación y aumentando el riesgo de recaídas. De hecho, ese enfoque repetitivo en los pensamientos negativos interfiere con la capacidad para resolver problemas, puede disminuir la motivación o la disposición para buscar soluciones activas en la cotidianidad, refuerza sentimientos de tristeza y desesperación, y la persona puede sentir impotencia, frustración y agotamiento mental por no poder detener o controlar esos pensamientos. Déjame darte algunos ejemplos:

- **Tras cancelar** planes con amigos por falta de energía, empiezas a pensar una y otra vez, «nadie me quiere y soy una carga». No logras cuestionar la idea y terminas reforzando el aislamiento.
- **En una discusión familiar,** te quedas pensando en un comentario que te hicieron («¿estás bien? Pareces cansado»). Durante días, repites esa frase en tu mente, entendiéndola como «todos notan que soy débil». Mira cómo palabras que pueden ser interpretadas por otros como «neutras» o de significado diferente (como «he estado trabajando mucho, tiene razón, ya me recuperaré este fin de semana») terminan siendo una «prueba fehaciente» de debilidad para tu cerebro.

- **Al intentar leer un libro,** la falta de concentración asociada a los problemas del ánimo hace que releas la misma página una y otra vez. Frustrado, comienzas a rumiar, «no puedo hacer ni esto, soy un inútil», creando una espiral de impotencia.

¿Qué pasa en la ansiedad?

La relación entre ansiedad y rumiación es estrecha, ya que ambas suelen reforzarse mutuamente. Te lo explico: sobreanalizar las situaciones (rumiación) y «anticipar» los resultados negativos con escenarios catastróficos como norma terminan aumentando tu ansiedad. Tu mente está entonces creando un bucle sin sentido donde la rumiación y la ansiedad son las grandes protagonistas que se retroalimentan entre sí, generando una mayor preocupación y percepción de amenazas que probablemente no existen, o al menos no de la manera en que te las está magnificando tu cerebro. Además, ambas pueden aumentar síntomas físicos como palpitaciones, tensión muscular, opresión en el pecho y problemas digestivos, afectar tu rendimiento laboral, académico o social, o paralizarte e impedirte actuar y tomar decisiones. Déjame darte algunos ejemplos:

- **Después de una reunión** con amigos, dices algo como, «creo que hablé demasiado de mí... seguro que les parecí egocéntrico». Te sudan las manos, el corazón late rápido y evitas futuros encuentros por miedo al rechazo. Repites mentalmente cada detalle de la conversación, buscando «errores». Cuanta más rumiación tienes, más ansiedad sientes; cuanta más ansiedad, más evitas socializar, y más tiempo pasas analizando «fallos» imaginarios.

- **Tu jefe menciona** en una reunión, «hay recortes presupuestarios». Te cuesta dormir, imaginando escenarios de desempleo y fracaso financiero. Revives cada palabra de tu jefe, «¿fue una indirecta para mí? ¿Hice algo mal?». La ansiedad te paraliza y reduces tu productividad; luego, la rumiación sobre tu «bajo rendimiento» termina haciéndote pensar que efectivamente eres tú la persona que va a ser despedida.
- **Tu pareja olvida** vuestro aniversario. Sientes opresión en el pecho y piensas, «ya no le importo... va a dejarme». Recuerdas cada vez que alguien te «abandonó» y dices, «siempre termino solo».

Tu comportamiento, la autopercepción y el control de los impulsos

El uso de sustancias psicoactivas (incluido el consumo problemático de alcohol)

En este caso, la rumiación puede estar asociada a diferentes motivos. El primero es el efecto emocional de las sustancias psicoactivas, que pueden hacerte pensar que te ayudan a escapar de los problemas emocionales o del estrés, reforzando el ciclo de consumo al hacer que creas que las necesitas para «sobrevivir» a tus emociones. Aquí siento la necesidad de enseñarte algo: **¡las penas no se**

ahogan con alcohol! Sé que la cultura influye significativamente sobre nuestros pensamientos y acciones, pero no hay nada más alejado de la realidad que creer que a través de la desfiguración del «yo» con alcohol vamos a sanar o superar el desamor, cualquier otra forma de dolor, el pasado o una situación adversa. Por el contrario, lo que terminamos generando (al escapar o pretender echarles tierra a las emociones a través del consumo) es un aumento del estado de supervivencia y un empeoramiento de nuestra gestión emocional.

Lo anterior condiciona todo un ciclo donde se magnifica el estado adverso de la mente sin superar el «obstáculo» del alma. El segundo es el efecto posterior a su consumo, pues tu estado anímico y comportamental frecuentemente se ve afectado y genera ansiedad, depresión, desesperación e irritación, aumentando la rumiación de manera secundaria. El tercero es el ciclo de dependencia, pues los pensamientos sobre cuándo, dónde y cómo consumir la sustancia se vuelven recurrentes. En este caso, la rumiación sobre el consumo puede hacer que la persona focalice con frecuencia en la sustancia, lo que aumenta su deseo de consumir y refuerza el ciclo de adicción. El cuarto se relaciona con la culpa, la vergüenza y el arrepentimiento que se presentan después de consumir por haber cedido al impulso del consumo, y el último, con el miedo al fracaso al intentar mantenerse sobrio.

Recordatorio amoroso

Escapar de la conciencia puede ser una opción que te muestre tu cerebro para alejarte de tu pasado/presente o de un futuro incierto, pero no es una solución. Afronta la realidad, mírala a los ojos y permítete sanar.

Trastornos de la conducta alimentaria y dismorfia corporal

La autoevaluación negativa, la autocrítica constante, la preocupación excesiva por defectos imaginarios y los pensamientos distorsionados en relación con la identidad desencadenan un ciclo de rumiación constante. A su vez, tanto en los trastornos de la conducta alimentaria como en la dismorfia corporal, la rumiación tiene un papel clave al mantener y agravar tanto los pensamientos negativos sobre la imagen corporal, el peso y la autoestima como los comportamientos disfuncionales, incluidas la restricción alimentaria y la realización de múltiples intervenciones estéticas para «corregir los defectos», que con frecuencia llevan a experimentar estrés y un bajo nivel de satisfacción tras los procedimientos al no ver, en teoría, una mejoría y, por ende, a empeorar la condición.

> En la dismorfia corporal, la rumiación se centra en los «defectos» físicos. En los trastornos de la conducta alimentaria, la rumiación se enfoca en la comida y el miedo a aumentar de peso.

El ciclo de la autolesión: pensamientos y acciones

La rumiación entra en juego cuando la persona da vueltas mentalmente sobre la idea de que el sufrimiento es insuperable, cuando hay una profunda desesperación sin una clara salida saludable y un exceso de pensamientos negativos, y cuando siente que está atrapada en una situación o con un dolor emocional intenso que requiere liberar, sin una solución tangible diferente a hacerse daño.

Nota clave

Ahora quiero que te preguntes si en algún momento has acudido a ciertas estrategias como estas, en las que desfiguras el «yo del presente» con el fin de escapar de la tormenta interior y/o bloquear emociones negativas abrumadoras. El problema es que escapar de lo que nos abruma implica crear una prisión invisible donde no abordamos la raíz del malestar y nos alejamos de nuestra versión real, esa que tiene luces y sombras. Esta desfiguración puede generar más confusión y sufrimiento internos, en la medida en que no se aborda el problema subyacente, y como ya aprendiste, se promueve un estado de supervivencia, se impide la adecuada gestión emocional y se agrava la desconexión de tu «yo real».

Tu patrón de sueño

Hay una relación causal entre el (pobre) patrón de sueño y la (peor) salud mental. Cuida la calidad de tu sueño y mejora secundariamente tu salud mental.

La ausencia de salud mental y el pobre patrón de sueño son problemas mayores de salud pública que impactan no solo a las personas que los padecen, sino a la sociedad en general. Es importante entender que los dos están intrínseca y bilateralmente unidos; eso significa que, si tienes un problema de salud mental, puedes tener un trastorno de sueño, y viceversa. Es decir que tener un problema de sueño contribuye al inicio, a la recurrencia y el mantenimiento de los problemas de salud de tu mente.

Ahora bien, la rumiación no solo afecta la calidad de tu sueño por el hecho de que los pensamientos repetitivos y negativos dificulten la conciliación y el mantenimiento de este, sino también porque, si no duermes bien, no realizarás todos los procesos grandiosos de neuroplasticidad que ocurren en el sueño profundo y, por ende, aumentarás cada vez más dicha rumiación.

Déjame darte algunos datos clave de estudios científicos:

- **Los pacientes** con rumiación tardan más en iniciar el sueño en la noche y tienen una menor eficiencia y calidad de este.
- **Las personas** con insomnio tienen de diez a diecisiete veces más probabilidad de experimentar niveles clínicamente significativos de depresión y ansiedad versus las personas sin insomnio.
- **No solamente** el pobre patrón de sueño se relaciona con ansiedad y depresión, sino también con otras alteraciones de la mente como el estrés postraumático, los trastornos de la conducta alimentaria y las experiencias en el espectro de la psicosis (como las alucinaciones).
- **Durante el sueño,** generas la neuroplasticidad positiva del sistema límbico y de la amígdala cerebral, que son tus centros de regulación de las emociones y del comportamiento (básicamente para que al día siguiente, al despertar, puedas estar más tranquilo, menos reactivo y con la batería emocional recargada para afrontar los retos del día a día). Además, grabas información a largo plazo, desaprendes lo innecesario (y es que gran parte de lo que vivimos en la cotidianidad no requiere ser grabado para no sobresaturar nuestra mente con detalles innecesarios), barres la basura metabólica (esos desechos

que son generados por la actividad de tu cuerpo mientras estás despierto y que no se pueden utilizar por ser excedentes o tóxicos) y potencias diferentes sistemas corporales (inmune, reproductivo y hormonal). Así logras dimensionar el efecto activo y esencial que tiene el sueño sobre tu mente y cerebro.

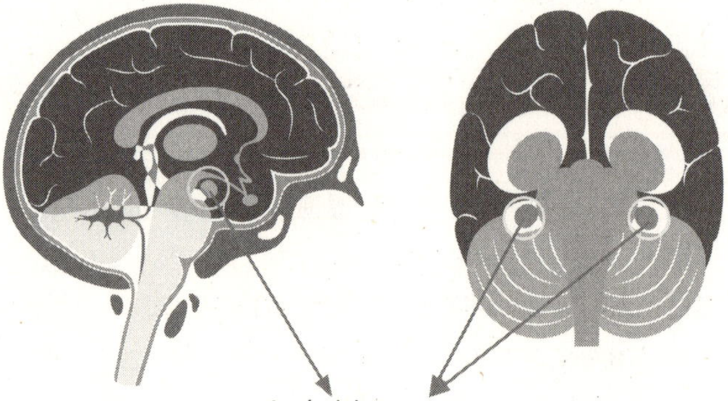

Amígdalas con un patrón de sueño normal

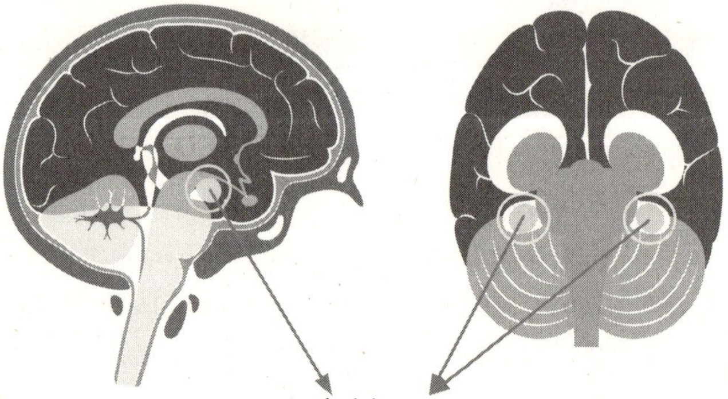

Amígdalas con privación de sueño

Nota clave

A estas alturas ya tendrás una posible solución en tu cabeza: mejorar el patrón de sueño para potenciar tu salud mental. Los estudios nos explican que esto se asocia a desenlaces mentales positivos, que incluyen alivio en depresión, ansiedad, estrés, experiencias en el espectro de psicosis, ideas suicidas, estrés postraumático, *burnout* y, por supuesto, rumiación.

El estado de alarma, el trauma físico y mental y tu memoria emocional

Cuando tu sistema nervioso está en un estado continuo de alarma y de supervivencia, puede aumentar esos pensamientos en bucle, quizá como un intento consciente —e inconsciente— de procesar y entender las experiencias negativas, o también por una sobreinterpretación de los hechos como amenazas.

El estado de alarma crónico y la rumiación generan una cascada proinflamatoria en tu cuerpo y una activación prolongada del eje hipotálamo-hipófisis-adrenal, y ya sabes que esto lleva a niveles crónicamente elevados de cortisol y de estrés en tu sistema. Este desequilibrio altera estructuras y conexiones cerebrales clave como la amígdala, cuya hiperactivación amplifica tus respuestas emocionales; el hipocampo, que cuando presenta alteración en su estructura y funcionamiento afecta tu memoria y aprendizaje y dificulta la diferenciación entre amenazas reales y percibidas; la corteza prefrontal, cuya alteración afecta la regulación de tus emociones y el control de los impulsos, y la red neuronal por defecto, esa que ya conoces y que te manda al pasado, presente y futuro (por eso te pones a pensar, una y otra vez, en recuerdos del pasado, o, por el contrario, te adelantas en esa línea del tiempo a pensar en lo que aún no ha ocurrido y adicionalmente a catastrofizar dicho escenario ficticio).

Por otro lado, crecer en una familia disfuncional, tener antecedentes de abuso sexual, experimentar negligencia en la infancia o haber sido víctima de maltrato emocional o físico son algunos ejemplos de adversidades —en particular cuando se dan tempranamente en la vida— que están asociadas a un mayor riesgo de rumiación. Estos factores pueden hacer que respondas de manera exagerada frente al estrés, que estés predispuesto a patrones de pensamiento rumiantes negativos en relación con tu historia de vida y una percepción de falta de control sobre ti y lo que ocurre en tu ambiente (que se conoce como pérdida del sentido de agencia y básicamente se genera cuando transgreden tus límites —sin tu autorización—).

Esas repeticiones mentales reactivan las respuestas al estrés como si el hecho traumático estuviera ocurriendo en el presente; de ahí que sea indispensable «cortar» con ese ciclo de rumiación, sanando y disminuyendo la carga del pasado que llevas a cuestas.

Interrumpir el estado de supervivencia alimentado desde el fuego que representa tu memoria emocional es una meta de bienestar mental.

Recordatorio amoroso

La alarma persistente, el trauma y la rumiación forman un ciclo autoperpetuante que se alimenta desde diferentes fuentes: el estado de alerta aumenta la vulnerabilidad al trauma, el trauma genera pensamientos intrusivos y emociones negativas, y la rumiación refuerza la percepción de amenaza y activa tu cuerpo para mantener el estrés.

La **rumiación** es como caminar en **círculos** dentro de tu **mente**, creyendo que **avanzas,** cuando en **realidad** estás en el **mismo** lugar.

Ejercicio para explorar los rincones intrincados de tu mente

Cierra los ojos por un momento y piensa en ese trauma que tanto te dolió y/o tanto daño te generó. Date cuenta de la capacidad que tienes para recordar con gran detalle el acontecimiento negativo y las emociones asociadas, y cómo tu cerebro te ha traído ese momento al presente muchas veces en bucle, a pesar de que tú no quieras recordarlo y que, por el contrario, quieras superarlo/gestionarlo. El dolor emocional y el miedo activan ese dúo entre el hipocampo y la amígdala, fijando a largo plazo recuerdos cargados de incontables detalles y de un tinte emocional adverso. Es necesario trabajar en esa sinergia negativa que desde el momento cero del trauma ha impactado el funcionamiento de tu mente.

Recordatorio amoroso

Tu cerebro puede ser un gran aliado, pero también tu gran adversario. La clave está en aprender a entenderlo, entrenarlo y guiarlo para que trabaje a tu favor y no en tu contra.

La autocrítica

Los pensamientos en bucle se alimentan desde ese crítico interno (muchas veces salvaje y destructor) que probablemente la mayoría hemos experimentado, reforzando las emociones de culpa, vergüenza, inseguridad y miedo al fracaso. Además, tu propia mente se encarga de «anticipar» y repasar todas las posibles consecuencias negativas de tus acciones, incrementando el miedo y el estrés y perpetuando la rumiación.

A medida que nos criticamos, los pensamientos sobre supuestos fallos o errores se vuelven más frecuentes e intensos, lo que genera una espiral creciente de rumiación.

Déjame darte algunos ejemplos de los pensamientos autocríticos que puede que hayas dejado desplegar en tu mente:

«No soy lo suficientemente bueno».
«Siempre arruino las cosas».
«Lo hago todo mal».
«Soy un fracasado».
«No merezco ser feliz».
«Soy una carga para los demás».
«Si los demás supieran cómo soy realmente, no me querrían».

Recordatorio amoroso

Baja tus revoluciones, practica la autocompasión y libérate de las incontables culpas que tiene la vida.

Tus tendencias cognitivas

Algunas personas son más propensas a la rumiación debido a patrones cognitivos como el perfeccionismo. Este último implica una búsqueda constante de perfección, atención excesiva a los detalles, temor al fracaso, obsesión por evitar los errores (y pensar en ellos de manera desproporcionada, en caso de haberlos cometido) y altos estándares en cada meta, con sensación constante de autoinsuficiencia, autocrítica y culpa.

Además, puede llevar a la denominada «parálisis por análisis», es decir que terminas evitando la acción o procrastinando, porque la rumiación por perfeccionismo te atrapa en la planificación y preocupación por los detalles, dificultando la toma de decisiones y la acción.

Te doy dos ejemplos de esta situación:

- **Después de entregar** un proyecto, te pasas los siguientes días pensando en un detalle menor que «pudo haber sido mejor», alimentando ese pensamiento una y otra vez, impidiendo que te sientas satisfecho con tu trabajo.

- **Antes de hacer** una presentación importante, te pasas tiempo pensando en cada palabra, gesto y posible error, generando retraso en la preparación y entrega de ese proyecto.

Revisa si eso es lo que te está pasando en tu vida. Ya te contaré más adelante qué puedes hacer para liberarte de ese perfeccionismo.

Nota clave

El perfeccionismo es una de las raíces de la rumiación y la procrastinación.

Soltar el control y entender que incontables variables no están bajo tu control son dos elementos clave para alcanzar el bienestar mental.

Alteraciones en la función ejecutiva

La función ejecutiva incluye los procesos relacionados con la atención, la toma de decisiones, el control inhibitorio (es decir, el freno que se necesita en ciertos momentos para no hablar y actuar desde el impulso y sin control, ignorar y/o suprimir estímulos, pensamientos o acciones irrelevantes) y la planificación. Estos procesos son esenciales para regular nuestros pensamientos, emociones y acciones.

Es decir: cuando hay un malfuncionamiento de la función ejecutiva, es difícil controlar los pensamientos repetitivos, ser flexible, suprimir o liberarse de información irrelevante y negativa, tomar decisiones, ser menos impulsivo y redirigir la atención hacia algo constructivo y positivo. Terminas entonces generando falsas alarmas o magnificando los incendios mentales sin poder extinguirlos.

Aquí te dejo algunos ejemplos:

- **Comienzas a pensar** en un error que cometiste y, por esa disfunción en el control inhibitorio, no puedes detener ese pensamiento y te quedas repitiéndolo una y otra vez, sin poder pasar a otras actividades o a pensamientos más útiles.
- **En lugar de centrarte** en una solución práctica a un problema, te ves arrastrado a una cascada de pensamientos negativos que giran en torno a tus errores, debilidades o miedos, intensificando tu rumiación.
- **Después de una discusión,** te arrepientes inmediatamente de todas las palabras «que no querías decir», y luego te quedas rumiando la conversación durante horas, pensando en lo que «debiste haber dicho o hecho de una manera diferente», sin poder dejar de analizar las consecuencias.

Nota clave

La inhibición es una función cognitiva esencial en términos de bienestar cerebral que te permite disminuir la rumiación al desviar tu mente hacia un sistema de pensamientos y acciones más saludable.

Recordatorio amoroso

Trabaja día a día por acercarte a tus metas y alejarte de lo que hace ruido y que ralentiza tu mente.

Aprendizaje por refuerzo

El aprendizaje por refuerzo es un proceso cognitivo que te permite aprender y tomar decisiones mediante la interacción con el entorno, evaluando el efecto de tus acciones según las gratificaciones o castigos que recibas, con el objetivo de maximizar las recompensas a largo plazo. Es decir que nos permite ajustar nuestro comportamiento en función de las consecuencias de nuestros actos.

Te estarás preguntando, ¿y qué tiene que ver esto con la rumiación? Resulta que una de las hipótesis que se han planteado como explicación de esa rumiación es que la alteración en ese aprendizaje por refuerzo llevaría a que el cerebro siga explorando y repitiendo en bucle los pensamientos sin encontrar una recompensa real, sin entender que no es el camino correcto y sin resolver finalmente el problema, impidiéndole que tome acciones efectivas en el momento (perpetuando el sobrepensar) y disminuyendo las opciones de generar acciones adaptativas, en caso de presentarse situaciones similares en el futuro, lo que contribuye al mantenimiento de un estado mental abrumador y repetitivo.

Enseñarle nuevas formas de pensar a tu cerebro es posible y necesario para encontrar alivio de la rumiación del pensamiento.

Tus genes

Los genes no necesariamente marcan tu presente y futuro. Trabaja en tu bienestar físico y mental cuidando y potenciando tu ambiente.

A pesar de la evidencia creciente en investigación de los orígenes ambientales de la rumiación, algunos estudios han mostrado una tendencia a la rumiación transmitida a nivel de tus genes (que conocemos como polimorfismos genéticos y que son modificaciones en la secuencia del ADN que pueden influir en la forma en la que piensas o te comportas), que incluyen variaciones en neurotransmisores como la serotonina y la dopamina, esenciales en la regulación del ánimo, el comportamiento y la motivación. Dentro de dichas modificaciones se ha encontrado el 5-HTTLPR (región promotora del gen transportador de la serotonina) y el BDNF (o factor neurotrófico derivado del cerebro, una proteína esencial para el crecimiento, la supervivencia y plasticidad de tus neuronas tanto en el sistema nervioso central como en el periférico, que, por ende, desempeña un papel crucial en la formación de nuevas conexiones neuronales, memoria, aprendizaje y reparación de tu cerebro). Lo anterior nos lleva a inferir que hay una vulnerabilidad intrínseca, biológica, anclada a tus raíces genéticas, que podría modificar la forma en la que tu cerebro afronta la adversidad —incluidos el abuso y la negligencia—, los efectos del estrés sobre tu sistema, la respuesta de tu amígdala a los estímulos adversos —aumentando su activación en modo amenaza— y la predisposición a ciertas enfermedades neuropsiquiátricas y a la rumiación excesiva.

En relación con esto, déjame contarte que la rumiación es elevada en aquellas personas que tienen historia familiar de enfermedad mental. De ahí que se piense que tanto los genes como la epigenética (ambiente en el que crezcas) sean precipitantes de ambas condiciones.

Notas clave

- **Si bien** se ha considerado que la rumiación puede ser hereditaria, la evidencia aún es preliminar para entender los genes específicos, además de su efecto en conjunto con el ambiente.
- **El camino** aún es largo para comprender la interacción entre la genética y la epigenética. Sin duda, suena prometedor y nos amplía el panorama terapéutico, en el sentido de que podemos cambiar la presentación y el curso natural de las enfermedades, modificando diferentes aspectos de estas. Los genes no son necesariamente un yugo que debamos llevar a cuestas toda la vida como marcadores únicos de nuestros desenlaces vitales.

Recordatorio amoroso

Múltiples causas = múltiples problemas ✗
Múltiples causas = múltiples soluciones ✓

La rumiación como tendencia cognitiva tiene bases biológicas, psicológicas y ambientales.

Salud mental y gestión emocional en la madre y el padre

Algunos estudios han demostrado que los hijos de madres con historia de depresión tienen mayores niveles de rumiación y de depresión (hasta tres o cuatro veces más de riesgo), en comparación con hijos de madres sin esta condición. Si bien podríamos pensar en un fondo genético, no siempre es así; en algunos estudios se ha evaluado esta posibilidad sin encontrar alteraciones genéticas compartidas (como los cambios en el BDNF o el 5-HTTLPR que te expliqué en el apartado anterior).

Estamos hablando entonces de un mecanismo en el que se desarrollan una vulnerabilidad cognitiva y anímica y un entramado de transmisión intergeneracional donde las causas trascienden las fronteras genéticas, e incluyen el ambiente que te rodea y la adaptación de tu mente al modelo de cognición parental en el que se expone de manera temprana tu cerebro al mundo de la depresión y/o la rumiación.

Déjame darte un ejemplo:

- **El niño** ve a su madre o padre responder con rumiación frente a su propia adversidad y empieza a emplear esta forma de respuesta para él mismo en su día a día.

Nota clave

Nuestra manera de ser y pensar tiene múltiples raíces, incluyendo lo que vemos en nuestra infancia temprana en las personas que constituyen nuestro núcleo primario.

Tu cerebro es moldeable.
No es un órgano estático, sino una estructura francamente dinámica.

Tus hormonas

La evidencia es aún preliminar y sugiere que la concentración de hormonas sexuales se relaciona con las estrategias de regulación emocional, el ánimo negativo y la rumiación. En particular, se ha visto que las mujeres somos más vulnerables a presentar ansiedad, depresión y trastornos relacionados con el trauma y el estrés, observándose mayor incidencia, gravedad y cronicidad de estas condiciones.

Déjame explicarte algunas raíces fisiológicas clave que se han estudiado hasta el momento y que nos ayudan a entender la diferencia observada en términos de género y hormonas.

Después de la pubertad se presentan fluctuaciones en las hormonas sexuales, que incluyen el estradiol (principal estrógeno) y la progesterona (principal progestágeno). En relación con las modificaciones en los niveles de estas dos hormonas, se observan cambios en el ánimo en el periodo premenstrual. En la menopausia, se ha observado disminución del volumen cerebral en sitios clave como el frontal y el temporal (predominantemente en el hipocampo), en relación con las modificaciones hormonales, condicionando cambios en nuestra regulación emocional, memoria visual y verbal y función ejecutiva (incluida la inatención).

Además, se han observado diferencias asociadas al género en la actividad neuronal en la corteza prefrontal que modifican la forma en la que regulamos las emociones. De hecho, el **neurocircuito entre el prefrontal ventromedial y la amígdala, esencial para la regulación emocional, es modulado, estructural y funcionalmente, por el estradiol y la progesterona.** Si eres mujer, espero que este apartado te llene de entendimiento y autocompasión y te libere de culpas que quizá has llevado a cuestas durante muchos años (culpas que han sido malinterpretadas culturalmente y pasadas de generación en generación, como caprichos, «locura» o «debilidad de género»), ya que ahora entiendes que experimentamos cambios en el sistema nervioso (tangibles y medibles) con las fluctuaciones hormonales a lo largo de la vida reproductiva. Focaliza en buscar soluciones (ya aprenderás decenas de técnicas más adelante) o en pedir ayuda para esos momentos donde tu cerebro y tu mente son diferentes.

Por otro lado, se han encontrado tendencias cognitivas específicas de género que pueden hacer que las mujeres empleemos formas maladaptativas de regulación emocional, entre las que se encuentra la rumiación del pensamiento, lo que aumenta el riesgo de presentar ánimo bajo, depresión y ansiedad. La eficacia de la estrategia de regulación que empleemos para modular el ánimo puede ser menos consistente (es decir, variar más) en nosotras, en comparación con los hombres, debido a las mayores fluctuaciones hormonales en las mujeres (es decir, que a veces podemos ser más efectivas en «apagar» los incendios de manera asertiva y otras veces no, según la fase del ciclo en la que estemos). Asimismo, hay evidencia de que la capacidad de las mujeres para inhibir las emociones relacionadas con el miedo depende del estado hormonal endógeno (es decir, en cómo estén en ese momento nuestras hormonas).

Con lo anterior podemos afirmar que, hasta el momento, sabemos que la concentración de dichas hormonas sexuales puede ser un factor relacionado con la selección de las estrategias y consecuencias de la regulación emocional en las mujeres. Sin embargo, aún hay mucho por explorar en este campo. En particular, falta investigación para aclarar si los niveles de hormonas sexuales en el momento de ser confrontadas con algún estímulo emocional se relacionan con la efectividad de las herramientas de gestión que empleamos, y, por supuesto, identificar herramientas asertivas, para poder blindarnos de la adversidad emocional en medio de las mareas hormonales que experimentamos.

Los ciclos no resueltos

Las situaciones que permanecen sin una conclusión clara o satisfactoria, los problemas no resueltos, las experiencias emocionales pobremente procesadas o las decisiones que aún no has tomado pueden intensificar la rumiación del pensamiento, aumentar la incertidumbre emocional, generar una sensación de falta de cierre emocional y una búsqueda constante de explicaciones y respuestas.

Déjame darte un par de ejemplos:

- **No recibes** una explicación clara sobre el comportamiento de una persona y quedas atrapado en un ciclo de pensamientos repetitivos, con preguntas como: ¿Por qué me trató así? ¿Qué querría decir con eso? ¿Hice algo mal? A través de estas preguntas, y en ausencia de respuestas, tu cerebro mantiene la rumiación viva y no resuelta.
- **Tu pareja** termina la relación súbitamente y tu cerebro te recuerda que no le queda claro por qué ocurrió. Piensas en lo vivido una y otra vez, recapitulas discusiones pasadas y la forma en la que actuaste. Esto ocurre durante el día, pero también te levantas (o mejor, tu mente te levanta) a pensar de madrugada en esta situación y sus posibles explicaciones.

Lo anterior nos lleva a pensar que **los ciclos no resueltos mantienen nuestra mente atrapada y en búsqueda de una solución a ese problema, generándote una incomodidad cognitiva porque tu cerebro quiere cerrar el ciclo cuanto antes, pero aún no lo ha logrado.**

Ahondemos en cómo esos ciclos no resueltos crean un terreno fértil para la rumiación desde la neurociencia. Resulta que nuestro cerebro tiende a resolver o entender los acontecimientos para darles sentido y cerrar la experiencia, pero, cuando esto no se da, la mente sigue regresando al mismo punto, como una rueda girando sin freno. Esos ciclos inconclusos terminan activando **el deseo de coherencia del cerebro, esa necesidad intrínseca de cerrar la experiencia emocional y tener control sobre las situaciones.** Eso provoca que tu mente busque respuestas, conclusiones y justificaciones, y cuando no puede encontrarlas, y al no poder controlar el resultado, entra en modo búsqueda para cerrar el ciclo, recurriendo a la rumiación.

Nota clave

Tu mente se queda atrapada cuando hay una sensación de incomodidad o de que algo no está completo, especialmente cuando no se toman acciones para abordarlo de manera efectiva.

Cerrar ciclos es muy importante
para tu salud mental.
Calma tu mente resolviendo
tus pendientes en el día a día.
No necesitas encontrar todas
las soluciones al mismo tiempo.
¡Sí que puedes!

«Un día a la vez». Repítelo y **conviértelo** en uno de tus **mantras** en el camino a la **edificación** de tu mente calma.

El estrés

El estrés es una respuesta adaptativa de tu cuerpo frente a las situaciones que vives en la cotidianidad. Cuando está persistentemente presente, se genera una cascada continua y maladaptativa en tu fisiología que condiciona una sensación de desgaste cognitivo, agotamiento de los recursos mentales necesarios para resolver problemas, mayor presencia de condiciones mentales como la ansiedad y la depresión, refuerzo de los patrones de pensamiento negativos, catastrofización (imaginar el peor escenario posible), autocrítica, percepción continua de amenazas y peor patrón de sueño, entre otros, como ya hemos visto. Lo anterior nos lleva a pensar que la relación entre el estrés y la rumiación es un bucle donde se perpetúan mutuamente, con raíces neurofisiológicas y psicológicas similares.

Déjame mostrarte cómo se vive esa combinación (estrés/rumiación) en tu día a día:

Paso 1: estrés inicial.

Un acontecimiento estresante activa tu sistema de respuesta al estrés.

- **Ejemplo:** recibes un correo del jefe indicando que necesitas corregir un informe que entregaste.
- **Respuesta inicial:** tu cuerpo libera cortisol, aumenta parámetros fisiológicos como la frecuencia cardíaca y sientes urgencia por resolver el problema.

Paso 2: activación de la rumiación.
En lugar de centrarte en soluciones concretas, tu mente decide activar los pensamientos automáticos negativos.

- **Ejemplo:** llegan a tu mente pensamientos como «¿por qué no lo hice bien desde el principio?», «esto demuestra que no soy lo suficientemente bueno en mi trabajo», «¿y si mi jefe piensa que soy incompetente y me despide?».
- **Respuesta:** estos pensamientos modifican centros de regulación emocional y tu línea autobiográfica del tiempo, como la amígdala y la red neuronal por defecto, haciendo que te focalices más en las emociones negativas relacionadas con el acontecimiento que en las acciones necesarias para resolverlo.

Paso 3: respuesta prolongada al estrés.
Esa rumiación mantiene activo tu eje hipotálamo-hipófisis-adrenal y perpetúa la respuesta al estrés y el estado de alerta.

- **Ejemplo:** ya estás en casa después del trabajo, pero sigues pensando en el informe. Te cuesta relajarte, no puedes disfrutar el tiempo en familia o con amigos y no puedes dormir bien.

Paso 4: sensibilidad aumentada al estrés.
La rumiación termina agotando tus recursos cognitivos y emocionales, haciéndote más vulnerable al estrés.

- **Ejemplo:** al día siguiente, un pequeño contratiempo, como un problema con el tráfico de tu ciudad o un comentario de un compañero, te hace reaccionar de manera exagerada, llevándote a pensar cosas como «no puedo manejar nada bien últimamente», «todo está saliendo mal». Es decir que la percepción de las demandas de tu entorno se termina amplificando, generando una sensación constante de sobrecarga y malestar.

Paso 5: mayor estrés y perpetuación de la rumiación.

Aquí, la acumulación de estrés y la falta de acción efectiva frente a la situación termina reforzando la rumiación.

- **Ejemplo:** continúas repitiendo pensamientos negativos como «soy incapaz de mejorar» o «nunca saldré de este círculo» y terminas sintiendo que ya no avanzas ni en tu trabajo ni en tu vida personal.

¡Es un circuito agravado y magnificado! De ahí la importancia de **trabajar en tu mente día a día, a fin de enseñarle a encontrar los recursos y redirigir todo ese poder que tiene para que vea el vaso medio lleno, no medio vacío.** Lo anterior implica un esfuerzo arduo para lograr modular el sesgo de negatividad intrínseco de tu cerebro. Esta es una de las metas que quiero que alcances a través de estas letras.

El *bullying*

El *bullying*, ese comportamiento intencionalmente agresivo y repetido, afecta profundamente las emociones de las personas inmersas en el conflicto e impacta el desarrollo y funcionamiento de múltiples regiones cerebrales. Esas experiencias de acoso escolar y social constituyen detonantes poderosos para la rumiación, mientras que la rumiación, a su vez, perpetúa los efectos negativos del *bullying*, intensificando el daño psicológico. Y es que las humillaciones y las agresiones dejan una huella emocional profunda a través de diferentes mecanismos, que incluyen la activación recurrente y con lujo de detalles de los recuerdos negativos de cada incidente; la creación de creencias negativas sobre uno mismo («no valgo nada») y sobre los demás («todos me rechazarán»), que alimentan los pensamientos automáticos negativos, el núcleo de la rumiación; un foco continuo en experiencias dolorosas y nocivas para la salud mental que se internalizan como parte de su identidad; una respuesta amplificada al estrés en relación con esa rumiación y una respuesta mínima/nula para tomar medidas efectivas a fin de mejorar su situación, como buscar apoyo de otras personas o desarrollar habilidades para afrontarlas; el desarrollo de patrones de interpretación de futuras interacciones sociales como hostiles o amenazantes, y cambios cerebrales en la estructura y conectividad en sitios clave para la memoria, el control inhibitorio, la atención, el reconocimiento de expresiones faciales y la regulación emocional, como el hipocampo, la corteza entorrinal y orbitofrontal, el prefrontal y el giro fusiforme, especialmente cuando se presenta en la infancia y la adolescencia.

Déjame darte un ejemplo que abarca todo el ciclo:

- **Un estudiante** ha sido ridiculizado en público y pasa días reviviendo el momento, pensando en las miradas de los compañeros y en cómo debería haber respondido. Su cerebro, en vez de sacarlo adelante, termina perpetuando el ciclo de pensamientos intrusivos y desarrollando una visión negativa de sí mismo y del mundo, llevándolo a aislarse socialmente y aumentando su vulnerabilidad frente al acoso.

La repetición es una de las bases del aprendizaje. Si continúas repitiendo pensamientos negativos, terminarás amplificándolos e integrándolos como tu realidad. Filtra la información que recibes y cuida tu diálogo interno.

Nota clave

Debido al efecto deletéreo sobre el funcionamiento de estructuras cerebrales que tienen un rol crítico en el procesamiento y la regulación de las emociones, la intervención temprana en *bullying* es esencial para prevenir desenlaces mentales adversos.

Estilos de maternidad y paternidad

La forma en la que pensamos los padres influye significativamente en el desarrollo de patrones de pensamiento de nuestros hijos. Además, impacta en la manera en que ellos aprenden a regular sus emociones, interpretan las experiencias negativas y responden al estrés. Es decir que, a través de nuestra crianza, podemos aumentar la predisposición a la rumiación, a la emotividad negativa y a la pobre regulación emocional, incluyendo reactividad temperamental con tristeza, miedo, rabia e internalización de los sentimientos o, por el contrario, protegerlos frente a todo esto.

La imitación es otra de las bases del aprendizaje.

Los estudios muestran que formas de crianza donde prima el estilo autoritario, con control excesivo sobre todas las situaciones, con poca apertura emocional, alta presión por el logro sin apoyo emocional adecuado (buscando resultados exitosos de manera continua y, en caso de no alcanzarlos, generando un estado mental repetitivo de incompetencia e incapacidad), la percepción de rechazo por parte de los padres, la ausencia de límites, la incertidumbre con ambientes impredecibles y caóticos, la crítica excesiva, la comparación constante y la sobreprotección parental en relación con posibles daños son factores de riesgo para presentar más rumiación del pensamiento.

La rumiación es una respuesta pasiva e interiorizada gradualmente, que permite sobrellevar de alguna manera (no saludable) el afecto negativo que no es posible expresar en casa. Es decir, los niños y adolescentes terminan haciendo frente de alguna manera a formas de adversidad temprana para no lidiar con experiencias punitivas o respuestas minimizantes de sus propios pensamientos por parte de los padres.

El resultado de esto es que los niños criados en este tipo de entornos pueden llegar a desarrollar un afecto negativo con autocrítica severa, un mayor enfoque en los errores, una supresión en la expresión de sus sentimientos y emociones, una interiorización del miedo al fracaso y rechazo, y adoptar patrones donde la rumiación del pensamiento es la base del día a día, con preguntas continuas como «¿qué hice mal?», «¿cómo puedo evitar que me regañen otra vez?» o «¿qué puedo hacer para hacerme casi invisible para mis padres, para que no se desencadene nuevamente un ambiente adverso por cualquier motivo?».

Déjame darte algunos ejemplos:

- **Una niña** recibe críticas constantes por parte de sus padres por sus calificaciones y termina rumiando por cada error, pensando en la decepción que les generó.
- **Un niño** les escucha a sus padres, una y otra vez, la frase «deberías ser más como tu hermano», alimentando sus sentimientos de autocrítica, comparación e insuficiencia.

Por otro lado, formas de crianza donde prima el equilibrio entre el control y la calidez, con padres que establecen límites claros, pero que también escuchan y validan las emociones de sus hijos, protegen contra la rumiación y fomentan la resiliencia emocional y el pensamiento orientado hacia las soluciones, con una interpretación de los hechos negativos como oportunidades de aprendizaje, en lugar de una visión centrada en el error.

Ahora te brindo un ejemplo de esta contraparte:

- **Un niño** fracasa en un examen y es apoyado por sus padres, reflexionando sobre cómo mejorar para una siguiente oportunidad, entendiendo que todos nos equivocamos y todos perdemos por momentos, en lugar de leer la situación como una «falta de capacidad».

Del laberinto oscuro de la rumiación al camino de la liberación mental

En conclusión, los factores de riesgo que aumentan la rumiación son multifacéticos y se entrelazan en un marco complejo que incluye dimensiones biológicas, psicológicas y ambientales que crean un terreno fértil para que los pensamientos repetitivos negativos se arraiguen. Sin embargo, si bien dicha rumiación puede anidar en los rincones intrincados de tu mente como un huésped que parece permanente, su presencia no es una sentencia definitiva. Te invito a que pienses que son semillas que se pueden replantar en la quietud de tu mente, llevándola al aquí y al ahora, redirigiendo tus patrones de pensamiento hacia una mentalidad constructiva y libre.

Recordatorio amoroso

Las transformaciones en el cerebro no son inmediatas. Te invito a tejer día a día nuevas redes donde el equilibrio sea la base.

La rumiación puede ser parte del viaje, pero no el destino final. Siempre hay un camino diferente para iluminar el laberinto oscuro de la mente.

Preocuparse es cargar una **mochila** repleta de piedras que **muchas** veces son imaginarias. **Suelta** gradualmente lo que **no tiene** sentido, aliviana tu carga y despeja **tu mente**.

7

¿Cómo influye nuestra cultura sobre la rumiación en el siglo XXI?

Nuestra sociedad tiene ciertas características peculiares que hacen que preservar la salud mental sea complejo, y eso es difícil de negar. Déjame señalarte algunos detalles que probablemente tú también has notado: desde que abrimos los ojos, a primera hora de la manana, vivimos en un ritmo acelerado, con una cultura de estar constantemente ocupados y productivos, procrastinando nuestro sueño y su rol restaurador, comparándonos con estándares irreales y estando sobreexpuestos a información negativa. En especial, las redes sociales y las noticias han hecho una mella que ha aumentado el sesgo de negatividad y la repetición en bucle del caos, las catástrofes, la comparación y la oscuridad sobre nuestros cerebros.

El aumento de la tecnología digital y el flujo pasivo, continuo, sin filtro y abundante de información *online* que proviene del exterior y se interioriza a nivel consciente e inconsciente de quien la recibe, no solamente incrementa la carga mental, sino que también aumenta la posibilidad de recibir datos «silentes», que puede desencadenar y mantener los pensamientos rumiantes.

Por ejemplo, los teléfonos móviles pueden parecer una estrategia para distraerte de las experiencias negativas de la «vida real»; sin embargo, los estudios han demostrado la adicción a este tipo de tecnología y su asociación con cambios cognitivos, modificación de estructuras neurobiológicas y detrimento claro sobre la salud mental. Es decir que, en teoría, puedes sentir que estás «escapando» de un estado mental negativo, pero, en la práctica, estarás perpetuándolo al sesgarte y compararte, buscando más contenido negativo (como crímenes, accidentes, conflictos, información irrelevante y «superficial» y crisis de salud pública), promoviendo tu rumiación, ánimo bajo, miedo, rabia, frustración y problemas atencionales, y limitando la introspección y esa conexión con tu «yo» real y con tu mente más genuina, lejos del caos ambiental.

¿Desacelerar para reconectar?

¿Sabías que descansar mientras duermes o cuando te permites «no hacer nada» es altamente beneficioso para tu cerebro? Y es que, aunque puedan parecer improductivas a los ojos de la sociedad en la que estamos inmersos, las pausas son cruciales para el bienestar mental y para tu funcionamiento cognitivo.

Déjame exponerte algunas razones claves desde la ciencia para fomentar esos momentos de desaceleración mental:

- **Generación de neuroplasticidad positiva** (formación de nuevas neuronas y conexiones neuronales) en el sistema límbico y la amígdala, que representan tus centros cerebrales de regulación de las emociones y del comportamiento, como ya sabes.
- **Aumento de la creatividad,** incluyendo la activación de redes neuronales remotas que te permiten solucionar problemas, encontrando respuestas y unión donde antes solo había división. Es decir que, en esos momentos donde «no haces nada», pueden surgir tus mejores ideas, porque tu cerebro tiene espacio para divagar y encontrar conexiones inusuales que trascienden las redes semánticas típicas temporo-parietales y que no están a simple vista. **Y es que cuando estás en modo supervivencia, tu cerebro está con energía disponible solo para solucionar lo estrictamente necesario (tu mente está ocupada apagando los incendios del día a día, y eso crea un velo que le impide ver más allá y encontrar más momentos eureka).** Déjame ponerte un ejemplo simple: con una red semántica típica (activación temporo-parietal) puedes decir que un ladrillo sirve para construir, pero desplegando tu creatividad (activando redes remotas como el frontal, por ejemplo) puedes decir que sirve para crear un soporte para ollas calientes como base aislante al cocinar con fuego y madera al aire libre, o como una herramienta para elevar la cabecera de tu cama cuando tienes reflujo. ¿Qué tal? ¿Te atreves a permitirte los espacios de «no hacer nada» para que tu cerebro explote en creatividad?

- **Activación saludable de redes neuronales** como la red neuronal por defecto, con la que potencias la introspección, esa capacidad de mirar hacia adentro, autorreflexionar, conocerte, reencontrarte y planificar el futuro sin sentirte incómodo con tu «yo» en silencio.
- **Modificación/potenciación de tu memoria,** permitiéndote aprender y consolidar recuerdos a largo plazo, olvidando lo que no sea necesario.
- **Reducción del estrés,** donde prime el sistema nervioso parasimpático y promuevas la calma.
- **Restaurar la capacidad de atención y concentración,** mejorando tu desempeño cerebral para tareas posteriores.

Recordatorio amoroso

Permite que tu mente descanse, entendiendo que dormir, «no hacer nada» por momentos y salir del modo supervivencia, son actos necesarios de cuidado mental en los que tu cerebro se reorganiza, se activa diferente y se renueva.

Soltar no es perder, es **abrir espacio** para lo que **realmente** importa.

Segunda parte:

¿Cómo aliviar **la rumiación del pensamiento?**

En las siguientes páginas te enseñaré **diferentes técnicas desde las neurociencias aplicadas para disminuir la intensidad y frecuencia de la rumiación del pensamiento de manera no farmacológica**. Verás que gran parte de estas herramientas tienen un trasfondo donde el *mindfulness* es un gran protagonista, por su capacidad para cambiar la función cerebral en regiones y circuitos relacionados con la atención, la comprensión de las sensaciones de tu propio cuerpo (interocepción), la regulación emocional, el procesamiento de información relacionada con tu vida y la disminución del sesgo de negatividad.

En particular, vamos a potenciar el prefrontal (tu gran gestor o extintor de emociones complejas), regular tu amígdala cerebral (tu centro de la reactividad y un gran generador de incendios emocionales), hacer que esta combinación se conecte mejor (y que, por ende, el prefrontal ejerza su acción sobre la amígdala, apagando sus incendios y brindándole calma), modificar el estriado (optimizando la toma de decisiones, la regulación emocional, la recompensa y la formación de hábitos) y, por supuesto, modular redes esenciales, como la red neuronal por defecto, la red de saliencia y la red ejecutiva central, todas relacionadas con tu gestión emocional, la perpetuación de la rumiación y tu línea autobiográfica del tiempo, como ya bien sabes.

Nota clave

Las estrategias de atención plena, junto a tus órganos de los sentidos, son grandes fuentes de alivio que te pueden ayudar a aquietar la mente de una manera maravillosa y sanadora.

El equilibrio en la vida es la clave... como el viento suave que guía la vela, ese que no es tan fuerte para volcar la barca ni tan tenue como para dejarla inmóvil.

1

La escritura, el dibujo y el tacto

Lleva un diario de pensamientos rumiantes

Identifica y registra a través de las letras tus pensamientos repetitivos y las emociones que te despiertan. La catarsis del alma a través de la escritura es una realidad; los nudos de la mente se desenredan gradualmente a través de las palabras que plasmas sobre el papel o en una conversación con tus personas de confianza, incluidos los terapeutas.

Nota clave

Te recomiendo escribir a mano tu diario (idealmente), en la medida en que la neurociencia ya nos ha demostrado que activas más áreas cerebrales al hacerlo, potenciando las regiones visuales, auditivas, sensitivas, motoras, de coordinación y de memoria logrando una mejoría en la experiencia de aprendizaje, retención de la información e introspección.

¿Cómo hacerlo?

De noche, antes de acostarte, reserva 5-10 minutos para escribir en un cuaderno/diario o en tu móvil (si así lo prefieres, en medio de nuestro mundo digital) qué es lo que te preocupa, qué se está repitiendo una y otra vez en tu mente y de dónde crees que provie-ne. Deja fluir tus ideas para sacarlas de tu mente, para calmar tu cerebro antes de dormir y lograr descansar.

¡Esto puede ser de gran ayuda si tu propia mente te levanta de madrugada! ¿Te ha ocurrido?

Déjame darte un ejemplo:

> Me siento abrumado con la cantidad de material que tengo que estudiar y siento que no podré manejarlo. Y es que quizá no soy lo suficientemente bueno y no voy a aprobar esta materia. Me siento desbordado por mi inseguridad, aunque no se me note. Me permito escribir todo esto para que mi mente y mi alma sepan que soy consciente de lo que estoy sintiendo y que no quiero continuar sintiéndome así, porque me cansa, me abruma. Sé que en el fondo sí puedo

con todo, pero aún no sé por qué en este momento me siento así.

Con amor,
Tu nombre

Establece un diario de problemas (terminará siendo un diario de soluciones)

Como complemento de la técnica anterior, además de dedicar un cuaderno/diario para escribir tus problemas/preocupaciones, puedes analizarlos de manera organizada, abordarlos uno a uno (en lugar de dejar que giren de manera indefinida en tu mente) y mirar qué soluciones has encontrado y te han ayudado a disminuir la rumiación. Es decir que aquí no solo te estás centrando en soltar lo que tienes en la mente, sino en encontrar de manera activa estrategias que le funcionen a tu cerebro para disminuir ese sobrepensar.

¿Cómo hacerlo?

Ten a mano tu diario «de problemas» y escribe tus preocupaciones sin filtro. Al finalizar la semana, revisa tus anotaciones para ver si has encontrado soluciones que te brinden alivio. Mira si hay alguna estrategia que te sirva para encontrar respuestas, determina si las preocupaciones han cambiado de alguna manera y si había algo que estuvieras magnificando y que ahora haya dejado de ser un problema.

Déjame darte un ejemplo:

Fecha: ....

Problema 1: no me siento preparado para la presentación del proyecto.

Descripción: siento que no he practicado lo suficiente y el contenido no es tan sólido como necesito.

Pensamientos asociados: «voy a fallar», «la gente va a pensar que no soy competente».

Emoción: ansiedad es lo que predomina (en una intensidad de 7/10).

Posibles soluciones:

- Practicar la presentación con (nombre) o frente al espejo esta noche.
- Revisar las diapositivas para simplificar los puntos clave y sentirme más seguro.
- Recordar que puedo pedir ayuda si lo necesito.

Nota clave

La catarsis mental que emana de las palabras tiene un rol protagonista para bajar la rumiación.

Escríbete una carta en tercera persona

Al escribir sobre tus preocupaciones en tercera persona, creas una distancia psicológica que te puede ayudar a tener un enfoque más racional que emocional cuando analizas situaciones que te generan rumiación.

¿Cómo hacerlo?

Déjame darte un ejemplo:

> Hoy (tu nombre) está afrontando pensamientos que vuelven una y otra vez. Estos pensamientos están ligados a la preocupación constante por el pasado o el futuro, lo que le genera angustia. A menudo, parecen abrumadores, pero es importante recordar que son solo pensamientos, no reflejan toda la realidad ni definen quién es.
>
> (Tu nombre) ha sido capaz de superar muchos desafíos antes y también tiene las herramientas para afrontar esta situación. Los pensamientos rumiantes, aunque persistentes, no determinan el valor ni la capacidad de (tu nombre). En lugar de seguir persiguiendo estos pensamientos, (tu nombre) puede optar por centrarse en el presente, en lo que está bajo su control.
>
> Al mirar esta situación desde otra perspectiva, está claro que (tu nombre) puede permitirse soltar estos pensamientos sin culpa ni juicio. Puede ser difícil, pero cada vez que lo haga, estará un paso más cerca de la paz mental que merece.
>
> Con cariño y comprensión,
>
> Tu nombre

Juega con texturas

Tu cuerpo en contacto con el mundo activa el sistema sensitivo y desvía la atención de tus pensamientos hacia el presente.

¿Cómo hacerlo?

Ten a mano objetos con diferentes texturas e interactúa con ellas cada vez que tu mente entre en un ciclo de rumiación. El traer tu mente al presente hace más difícil que los pensamientos rumiantes tomen el control.

- **Elige varias texturas,** como objetos con diferentes superficies: por ejemplo, una piedra, una esponja, un trozo de tela y una pelota antiestrés.
- **Toma uno** de los objetos y cierra los ojos. Presta atención a cómo lo sientes bajo tus dedos. Piensa en lo que sientes: ¿es áspero o suave? ¿frío o cálido? ¿Es pesado o ligero?
- **Si tu mente** empieza a rumiar, con tranquilidad devuelve la atención a la textura.
- **Luego, cambia** a otro objeto y repite el proceso.

El truco del cubo de hielo

Esta técnica es un *reset* sensorial que complementa la estrategia anterior, donde, a través de sensaciones corporales, terminas redirigiendo tu cerebro desde el bucle de pensamiento hacia áreas sensitivas —como la corteza sensorial parietal y la ínsula— y, por ende, «secuestrando» su atención y alejando tu mente de las redes de la rumiación.

¿Cómo hacerlo?

- **Toma** un cubo de hielo y sostenlo en la mano durante 30 segundos.
- **Enfócate** en la sensación fría, intensa y física (no en tus pensamientos).
- **Siente** cómo tu mente baja el sobrepensar y focaliza en los cambios que experimentas en términos de sensibilidad.

La técnica del doble ritmo (sincronización hemisférica)

Emplea el movimiento de tus manos y el contacto con el ambiente como una fuente de alivio que te permite desactivar el bucle mental. En este caso, la coordinación bilateral asincrónica interrumpe el patrón rígido del pensamiento.

¿Cómo hacerlo?

- **Golpea** rítmicamente con tu mano derecha la mesa (ej., rápido ta-ta-ta-ta).
- **Simultáneamente,** golpea con la izquierda a un ritmo lento (ej., cada 2 segundos).

- **Mantén** esto durante 1-2 minutos.
- **Al finalizar,** sé consciente de cómo respondió tu mente a esta herramienta y si logró traerte al presente.

Dibuja libremente tus pensamientos

El proceso de dibujar activa tu mente de manera diferente ayudándote a aliviar la rumiación y potenciando tu función cognitiva (memoria y atención) a través de la integración y activación de aspectos motores, sensitivos, semánticos y visuales de tu cerebro. Literalmente, es una forma de desviar tu mente hacia otro lugar para que baje el sobrepensar.

¿Cómo hacerlo?

- **Dibuja** lo que te venga a la mente, sin preocuparte por la estética. Libera tu mente a través de las formas y colores.
- **Consigue** papel en blanco, lápices, colores... No necesitas habilidades artísticas, solo la disposición para expresarte.
- **Crea** un espacio tranquilo, sin distracciones, donde te puedas relajar durante 10-15 minutos.
- **No pienses** demasiado en lo que estás dibujando, solo deja que fluya. Puedes comenzar haciendo líneas o formas aleatorias y ver qué surge a medida que avanzas.
- **Enfócate** en el proceso y no en el resultado. Céntrate en las sensaciones físicas de mover el lápiz sobre el papel,

en las líneas que surgen y en cómo se sienten tu cuerpo y tu mente.

- **Si lo deseas,** representa visualmente tus pensamientos rumiantes. Por ejemplo, si estás lidiando con ansiedad, puedes dibujar formas caóticas. Si sientes tristeza, puedes elegir colores oscuros. Luego, intenta transformarlos: de lo caótico a lo ordenado, añade colores brillantes a las partes oscuras, etcétera.
- **Cuando termines,** observa tu dibujo y reflexiona sobre cómo te sientes: ¿ha cambiado tu estado emocional? ¿Qué te dice el dibujo sobre tus pensamientos?

Realiza *doodles* o garabatos

Esta técnica es simple y efectiva. Te ayuda a liberar tensiones y enfocar tu mente en el presente. Al permitir que tu mente focalice en una actividad creativa de baja presión, se interrumpe el ciclo de pensamientos repetitivos.

¿Cómo hacerlo?

- **Necesitas** un papel y algo con qué dibujar (lápiz, marcador o bolígrafo).
- **Cuando sientas** que estás rumiando, haz garabatos. No se trata de hacer dibujos detallados, sino de permitir que tu mano se mueva con libertad.
- **En lugar** de detener los pensamientos rumiantes directamente, permite que tus manos dibujen sin un plan estruc-

turado. Esto puede ayudarte a cambiar el enfoque desde un estado de pensamientos repetitivos a uno donde lo que prime sean los movimientos físicos y patrones que estás creando.

- **Te recomiendo** hacer patrones como líneas, círculos o espirales. Esta repetición crea un estado de fluidez similar a la meditación.
- **Deja que las formas** evolucionen de manera libre; improvisa y suelta el control.
- **Si reaparecen** los pensamientos, acepta que están allí, pero vuelve a focalizar en el *doodle*, sin juzgarte.

  Al cabo de unos minutos, observa cómo te sientes y si tus pensamientos rumiantes han disminuido, si tienes mayor claridad mental y/o menos ansiedad.

Crea el hábito de practicar *doodling* regularmente, sobre todo cuando te sientas ansioso o con pensamientos repetitivos.

El método del peor escenario (la paradoja de la amígdala)

Si tu mente quiere drama, dale un impulso épico, irracional e hilarante que reduzca la carga emocional del pensamiento original a través de tus palabras.

¿Cómo hacerlo?

- **Cuando te encuentres rumiando,** abre tu diario de pensamientos.
- **Exagera el pensamiento** al extremo absurdo. Por ejemplo: «Me van a despedir y voy a terminar vendiendo helados en el Ártico».
- **Visualiza** ahora ese escenario extremo que tu mente fue capaz de generar, repleto de detalles sin sentido y con un toque de humor.
- **Ahora piensa,** ¿te sientes mejor? ¿Ayudó a redirigir tu mente hacia un espacio más tranquilo? ¿Te das cuenta de lo catastrófica e irracional que puede llegar a ser tu mente? Sigue trabajando por cultivar tu mente calma. ¡No te detengas!

Siempre es posible entrenar al **cerebro** para desconectarse de la **rumiación** y anclarse al **presente.**

2

El mirar hacia adentro y el anclaje al presente

Realiza un escaneo corporal consciente (estrategia de *mindfulness*)

Practicar la consciencia corporal mediante escaneos mentales activa diferentes partes de tu cerebro, incluida la corteza somatosensorial (por ejemplo, el parietal y la ínsula), permitiéndote desviar tu atención de los pensamientos repetitivos hacia tus sensaciones físicas.

¿Cómo hacerlo?

- **Prepárate:** siéntate o acuéstate en un lugar cómodo y sin distracciones. Puedes cerrar los ojos si te sientes a gusto haciéndolo.
- **Respira profundamente,** despacio. Inhala por la nariz durante 4 segundos, sostén el aire durante 4 segundos

y luego exhala por la nariz y boca durante 6 segundos. Repítelo 3 veces.

- **Empieza tu escaneo corporal.** Préstales atención a tus pies, observa cualquier sensación (calor, frío, dolor, tensión, relajación), sin juzgar. Si notas que tu mente divaga, redirige suavemente tu atención de nuevo a tus pies.
- **Sube a tus piernas,** desplaza tu atención a tus tobillos, pantorrillas, rodillas y muslos. Observa cómo sientes el contacto con el suelo o la superficie sobre la que estás. Nota si hay alguna tensión o incomodidad.
- **Continúa con el abdomen,** nota cómo se distiende al respirar. Observa si hay alguna tensión o si estás relajado.
- **Sube a tu tórax y a los hombros:** siente el movimiento de tu pecho mientras respiras. Observa cualquier tensión en los hombros y permite que se relajen con cada exhalación.
- **Focaliza ahora en tu cuello y cabeza:** ¿cómo están tu región cervical, tu mandíbula y tu cara? Nota cualquier incomodidad en esos lugares. Puedes hacer un ligero movimiento para liberar la tensión.
- **Haz un repaso final:** pasa nuevamente por cada parte de tu cuerpo, desde los pies hasta la cabeza, sintiendo cada lugar. Permite que cada parte se relaje con cada inhalación y exhalación.
- **Tómate un momento para reflexionar al final,** en silencio, sintiendo todo tu cuerpo. Nota cómo te sientes, en comparación con el inicio de la práctica.
- **Antes de regresar a tus tareas,** toma algunas respiraciones profundas y lentas.

- **Abre tus ojos lentamente** y tómate un instante para volver al entorno.

Efectúa un escaneo auditivo consciente

Esta técnica te permite desviar la atención de los pensamientos repetitivos centrándote en la percepción de los sonidos a tu alrededor y activando tu cerebro en cortezas dedicadas a procesar los sonidos (lóbulo temporal e ínsula).

¿Cómo hacerlo?

- **Encuentra un lugar tranquilo.** Siéntate o acuéstate donde te sientas cómodo.
- **Toma unas cuantas respiraciones** profundas y lentas para calmarte. Inhala por la nariz, sostén un momento y luego exhala por la nariz y boca. Repítelo 3 veces.
- **Ahora presta atención** a los sonidos de tu alrededor. No te apresures a etiquetar los sonidos, simplemente permítete escucharlos.
- **Comienza con los sonidos** más cercanos a ti. Puede ser el sonido de tu respiración, el roce de tu ropa o los latidos de tu corazón. Nota cómo suenan y cómo los sientes en tu cuerpo.
- **A medida que te sientas** más cómodo, expande tu atención a los sonidos más lejanos. Puede ser el ruido de la calle, el canto de los pájaros, el murmullo de una conversación distante... Escucha cada sonido sin juzgarlo.

- **Observa las características** de cada uno de los sonidos: ¿es suave o fuerte? ¿Agudo o grave? ¿Rítmico o irregular? ¿Familiar o extraño?
- **Acepta los sonidos** y, si te distraen pensamientos rumiantes, reconócelos sin juzgarlos y vuelve a centrarte en los sonidos. Puedes decirte: «es solo un pensamiento, ahora regreso al sonido».
- **Luego escucha el silencio:** después de escuchar toda esa variedad de sonidos, tómate un instante para estar en silencio. Que los sonidos vengan y se vayan sin aferrarte a ellos.
- **Cuando termines,** reflexiona cómo te sientes. ¿Has notado un cambio en tu estado de ánimo o en tu nivel de rumiación?
- **Respira** lento para poder volver a tu entorno. Abre los ojos si los tenías cerrados y tómate un instante antes de moverte.

Implementa la meditación en tu día a día

La práctica habitual de esta técnica te permite potenciar el prefrontal, modular tu amígdala cerebral y modificar tus redes neuronales, incluyendo la red neuronal por defecto. Lo anterior te permite bajar la rumiación, regular tus emociones, disminuir el estrés y la ansiedad, promover una relajación profunda, mejorar la claridad mental y el enfoque, centrarte más fácilmente en tu presente, modular el dolor físico y mejorar la calidad de tu sueño.

¿Cómo hacerlo?

Aplicaciones como Headspace, Calm, Insight Timer, Pura Mente, Smiling Mind o Meditopia te pueden ser de gran utilidad.

- **Encuentra un lugar tranquilo.** Siéntate en una silla cómoda, en el suelo, o acuéstate. Asegúrate de que tu espalda esté recta pero relajada.
- **Puedes usar un temporizador** para evitar que te distraigas usando el reloj, e incluso, muchas de las aplicaciones te ofrecen escoger el tiempo dedicado a la práctica, para que este no sea una fuente de distracción. Unos 3-15 minutos son suficientes, y más aún cuando te estás iniciando.
- **Te recomiendo cerrar los ojos** para minimizar las distracciones visuales.
- **Respira profundamente por la nariz,** expandiendo los pulmones, y luego exhala lenta y completamente por la nariz y boca. Repítelo tres veces, sintiendo cómo tu cuerpo se relaja con cada ciclo de respiración.
- **Ahora permite que tu respiración** vuelva a su ritmo natural. Presta atención al aire entrando y saliendo de tu cuerpo. Nota cómo tu abdomen y tu tórax se expanden al inhalar y cómo se contraen al exhalar.
- **Observa ahora tus pensamientos,** reconoce si hay pensamientos rumiantes y no los juzgues. Puedes imaginar que son nubes que pasan en el cielo y las estás observando mientras continúan su camino, y luego redirige suavemente tu atención a la respiración.

- **Si sientes que tu mente se distrae,** focaliza en una frase corta o mantra como «estoy aquí» o «esto pasará». Repítelo en tu mente con cada respiración. Puedes decir con la inhalación, «estoy aquí», y con la exhalación, «esto pasará».
- **Al cabo de unos minutos,** dirige tu atención a cómo sientes tu cuerpo en este momento. Nota cualquier área de tensión y permite que se relaje con cada exhalación. Imagina que, con cada respiración, exhalas esa tensión. Cuando te sientas preparado, comienza a volver tu atención al entorno. Toma una respiración profunda y, al exhalar, abre los ojos lentamente. Tómate un instante para notar cómo te sientes.

Recordatorio amoroso

Los pequeños peldaños son clave para que tu cerebro se anime a aplicar cada técnica, para que logres instaurar de manera gradual cada hábito positivo y que tu sistema de recompensa te reafirme que eres capaz, que te sientes bien y que lo quieres volver a hacer. Empieza hoy meditando de manera guiada durante 3 minutos y ve extendiendo el tiempo a medida que notes los cambios positivos sobre tu estado mental, logres concentrarte más fácilmente y vaya aumentando tu motivación.

- **Abre tus ojos lentamente** y tómate un instante para volver al entorno.

Efectúa un escaneo auditivo consciente

Esta técnica te permite desviar la atención de los pensamientos repetitivos centrándote en la percepción de los sonidos a tu alrededor y activando tu cerebro en cortezas dedicadas a procesar los sonidos (lóbulo temporal e ínsula).

¿Cómo hacerlo?

- **Encuentra un lugar tranquilo.** Siéntate o acuéstate donde te sientas cómodo.
- **Toma unas cuantas respiraciones** profundas y lentas para calmarte. Inhala por la nariz, sostén un momento y luego exhala por la nariz y boca. Repítelo 3 veces.
- **Ahora presta atención** a los sonidos de tu alrededor. No te apresures a etiquetar los sonidos, simplemente permítete escucharlos.
- **Comienza con los sonidos** más cercanos a ti. Puede ser el sonido de tu respiración, el roce de tu ropa o los latidos de tu corazón. Nota cómo suenan y cómo los sientes en tu cuerpo.
- **A medida que te sientas** más cómodo, expande tu atención a los sonidos más lejanos. Puede ser el ruido de la calle, el canto de los pájaros, el murmullo de una conversación distante... Escucha cada sonido sin juzgarlo.

Practica la gratitud

La gratitud diaria por pequeños y grandes detalles te aleja de la oscuridad que representa el sesgo intrínseco de negatividad de tu cerebro y redirige tu atención hacia aspectos positivos de tu vida, disminuyendo tu tendencia a rumiar. También te ayuda a mejorar tu gestión emocional, tiene un efecto sobre tu función mnésica (memoria), permite que tus dos hemisferios se comuniquen (sincronicen) mejor y te motiva a ayudar a otros y a construir relaciones más sólidas y saludables.

¿Cómo hacerlo?

Reserva hoy 5 minutos de tu agenda para escribir 3-5 personas/situaciones/cosas por las cuales agradeces en el día a día. Muéstrale a tu cerebro qué efecto positivo te han traído a tu vida.

- **Puedes hacerlo** por la mañana al despertar o antes de dormir.
- **Encuentra un lugar** tranquilo donde puedas concentrarte sin distracciones.
- **Abre tu cuaderno** (puedes tener una libreta dedicada a la gratitud) o escribe en tu móvil.
- **Antes de comenzar,** haz una pausa y toma al menos 5 respiraciones profundas y lentas (te ayudarán a calmarte y centrarte).

- **Ahora,** dedica unos minutos a escribir 3-5 situaciones por las cuales te sientes agradecido. No te preocupes por las respuestas adecuadas. Es solo algo que resuene contigo en ese momento. Algunas frases que te pueden ayudar:
  - Estoy agradecido por los rayos del sol que siento en mi cara.
  - Agradezco por tener un lugar donde vivir.
  - Valoro la conversación que tuve con (nombre).
  - Le doy gracias a la vida por la felicidad que me aportan mis hijos y el amor profundo que siento por ellos.
- **Piensa por qué** te sientes agradecido por esto y cómo impacta tu vida de manera positiva. Nota cualquier emoción positiva que surja.
- **Cierra los ojos** y visualiza cada elemento que has escrito. Esto te ayuda a cambiar el enfoque de los pensamientos rumiantes hacia algo positivo.

Haz de esta práctica un hábito diario. Puedes establecer un recordatorio en tu agenda e incluirlo en tu rutina matutina o nocturna.

Recordatorio amoroso

La consistencia en cada una de estas técnicas es CLAVE para obtener beneficios a largo plazo.

Emplea la técnica del «jarrón de la gratitud»

Esta es una práctica sencilla y poderosa que fomenta la actitud de agradecimiento en la vida diaria y entrena tu mente de manera gradual para que logre centrarse en los aspectos positivos (modulando el sesgo de negatividad), baje la rumiación y mejore tu bienestar emocional en general.

¿Cómo hacerlo?

- **Elige un recipiente** que te guste. Recuerda que lo usarás como símbolo de tu práctica de gratitud.
- **A lo largo del día,** identifica algo por lo que te sientes agradecido. Luego, escribe una breve nota en un papel y colócala en el recipiente.
- **Realiza esta actividad** como meta durante todo el año.
- **Cuando lo sientas necesario,** puedes revisar las notas que has escrito y aportarle a tu mente la luz que necesita en momentos de oscuridad, y que emana de las palabras que tú mismo escribiste.

Recordatorio amoroso

Agradecer es una parte fundamental de tu kit de primeros auxilios para cuando tu mente se encuentre en un momento de rumiación, en la medida en que te permite reorientar tus propios pensamientos hacia los arcoíris que nos presenta la vida.

Camina en la naturaleza

La urbanización ha traído grandes beneficios en diversos aspectos, pero la cantidad de cemento que nos rodea también es un gran reto en términos de salud mental. Y es que nunca un porcentaje tan alto de la población había estado tan lejos de la naturaleza. En 2050 se estima que la proporción de personas que vivirán en el área urbana será del 70% (o quizá más).

La práctica de caminar en la naturaleza, también conocida como «baños de bosque», es una técnica de bienestar que consiste en sumergirse en entornos naturales para reducir el estrés, y mejorar la creatividad y la salud mental y física. Ya tenemos estudios que nos muestran que las caminatas con duración de cuarenta, sesenta o noventa minutos, disminuyen la rumiación y cambian la conectividad en diferentes áreas de tu cerebro, incluido el prefrontal, esa gran ancla que tienes para gestionar tus emociones y bajar la aceleración de tus pensamientos. Este tipo de caminata se realiza fomentando la atención plena a través de los sentidos y la interacción sinérgica entre tu cuerpo y el entorno.

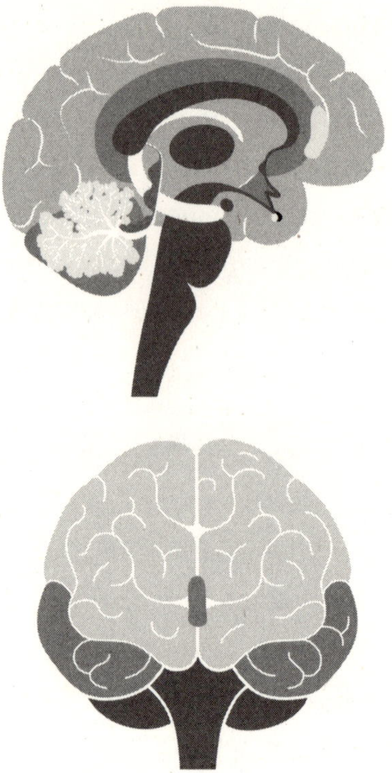

Los baños de bosque aumentan la activación de la corteza prefrontal (si quieres mayor detalle neuroanatómico, aumenta la perfusión a nivel subgenual) y bajan la rumiación.

¿Cómo hacerlo?

- **Busca un lugar** al aire libre, puede ser un parque, un bosque, una montaña o la playa.
- **Camina sin prisa.** Aquí la meta no es recorrer grandes distancias ni hacer ejercicio físico intenso. Camina a un ritmo lento o moderado; date tiempo para observar y sentir tu entorno.

- **Mientras caminas,** focaliza en lo que ves, escuchas, hueles, sientes y tocas. Puedes observar la textura de las hojas, el sonido del viento o el canto de los pájaros.
- **Respira de manera consciente,** lenta. Siente el aire fresco y los aromas naturales.
- **Recuerda:** si tu mente empieza a divagar, trae tu atención de vuelta a las sensaciones físicas y al entorno natural.

3

La respiración y los olores

Practica técnicas de respiración lenta

La respiración lenta es un ancla para encontrar tu mente calma y bajar el estrés en tiempo real. Permítete estar presente, respirando lento, profundo y consciente, regulando tu sistema nervioso autónomo (activando el parasimpático) y tu sistema límbico, y calmando tu amígdala cerebral para que se conecte mejor con el prefrontal.

¿Cómo hacerlo?

Aquí te propongo cuatro ejercicios de respiración con los que personalmente conecto y obtengo grandes beneficios y que puedes emplear en la cotidianidad en ciclos de 3 a 5 minutos.

Triángulo invertido

Inhalar	Sostener	Exhalar
4 segundos	**4 segundos**	**4 segundos**

Caja

Inhalar	Sostener	Exhalar	Sostener
4 segundos	**4 segundos**	**4 segundos**	**4 segundos**

Suspiro fisiológico

Inhalar	Volver a inhalar	Exhalar
4 segundos	**2 segundos**	**6-8 segundos**

Técnica 4-7-8

Inhalar	Sostener	Exhalar
4 segundos	**7 segundos**	**8 segundos**

Emplea la aromaterapia en tu cotidianidad

Utiliza aceites esenciales que te permitan *hackear* tu sistema límbico en tiempo real, calmen tu mente, reduzcan la ansiedad y creen espacios de bienestar para que tu cerebro entienda que el estado de supervivencia no va a ser una constante.

Estas son las propiedades de algunos de mis aceites esenciales favoritos:

- **Lavanda:** calma la ansiedad, reduce el estrés y mejora el sueño.
- **Manzanilla:** calmante, sedante suave, y promueve un estado mental sereno.
- **Bergamota:** ayuda a mejorar tu ánimo y disminuye tu ansiedad.
- **Incienso: calmante,** favorece la meditación y una mente tranquila.
- **Rosa:** calmante emocional y efecto equilibrante sobre tus emociones.

¿Cómo hacerlo?

Déjame explicarte cómo emplear la aromaterapia:

- **Difusor de aceites esenciales:** es una de las formas más comunes de emplear aromaterapia. Llena tu espacio con el aroma mientras trabajas, meditas o te preparas para dormir.

- **Baños de aromaterapia:** agrega algunas gotas de aceites esenciales a un baño caliente para relajar tu cuerpo y tu mente.
- **Inhalación:** también te puede ayudar oler directamente el aceite desde el frasco o a través de un pañuelo o ánfora de aromaterapia.
- **Aplicación tópica:** verifica si el aceite que tienes se puede emplear sobre la piel. De ser así, aplícalo sobre los puntos de pulso, que se encuentran en muñecas, cuello, pecho, cara interior del codo, detrás de tus orejas, cara posterior de rodillas, tobillos y sienes.

4

Tus cinco sentidos al unísono

La técnica de los cinco sentidos (5-4-3-2-1)

Esta técnica te permite anclarte al presente a través de lo que perciben tus sentidos: vista, oído, tacto, olfato y gusto. A medida que lo haces, te vuelves más consciente de tu entorno inmediato y menos de tus pensamientos internos.

¿Cómo hacerlo?

Cuando te sientas rumiando, identifica 5 cosas que puedas ver, 4 cosas que puedas escuchar, 3 cosas que puedas tocar, 2 cosas que puedas oler y 1 cosa que puedas saborear.

- **Focaliza en lo que puedes ver:** mira a tu alrededor y nombra en voz alta o mentalmente 5 cosas que puedas ver.

Trata de elegir cosas que por lo general no notarías, como la textura de una pared, el reflejo de la luz en una ventana o un objeto pequeño.

- **Focaliza en lo que puedes escuchar:** cierra los ojos si lo deseas y presta atención a los sonidos a tu alrededor. Nombra 4 cosas que puedas escuchar. Pueden ser sonidos cercanos o lejanos como el ruido de un electrodoméstico, el viento soplando o el canto de los pájaros.
- **Focaliza en lo que puedes tocar:** nota 3 cosas que puedas sentir físicamente como el suelo bajo tus pies, la textura de tu ropa o la temperatura de tus manos.
- **Focaliza en lo que puedes oler:** identifica 2 cosas que puedas oler. Si en tu entorno cercano no hay olores notorios, puedes acercarte a algo que sí lo tenga, como una flor, una taza de café, un perfume o un ambientador. Si no detectas ningún olor, simplemente toma nota de eso.
- **Focaliza en lo que puedes saborear:** presta atención a un sabor en tu boca. Si no estás comiendo en ese momento, puedes beber algo de agua o comer algo pequeño. Con esto, completas la experiencia sensorial.

La observación de tu entorno inmediato

Como complemento de la técnica anterior, te enseño esta, que es menos estructurada. Se trata de observar lo que está a tu alrededor sin un orden o un enfoque específico.

¿Cómo hacerlo?

Si estás rumiando, elige 3-5 objetos/personas a tu alrededor y descríbelos en detalle (con palabras en voz alta o mentalmente), con todo lo que alcanzan a percibir tus sentidos (tacto, olfato, gusto, visión y oído).

Puede ser algo como *«observo los árboles en el parque, huele a lluvia, noto la gente caminando, los colores de las flores y las formas de las nubes en el cielo, y estoy disfrutando de un buen café mientras lo hago»*.

5

La música y el baile

Canta y/o tararea y encuentra calma

Esta técnica te permite centrarte en el momento presente, distraer tu mente de pensamientos intrusivos o negativos, reducir el estrés, mejorar tu estado de ánimo, conectar emocionalmente con la música y los recuerdos que te evoca, dormir mejor y bajar los niveles de ansiedad.

¿Cómo hacerlo?

Cuando te sientas abrumado por la carga de tus pensamientos, canta o tararea una canción que te guste.

- **Si no quieres cantar en voz alta,** tararea para calmar tu mente. Enfócate en el sonido suave del tarareo.
- **Canta tus canciones favoritas** en voz alta o en tu mente.
- **Usa mantras** o sonidos repetitivos como «om». Esa repetición rítmica tiene un efecto meditativo sobre tu cerebro. **¿Sabías que la palabra «mantra» tiene sus raíces en el**

sánscrito, una lengua antigua de la India, cuya etimología refleja un significado profundo y espiritual: *man* (mente o pensar) y *tra* (instrumento, protección)? Literalmente, es un instrumento para la mente o una forma de protegerla o liberarla.

- **Incluye la música en tu rutina.** Puede ser una herramienta habitual mientras cocinas, te duchas o caminas, evitando que caigas en los ciclos de rumiación.

Emplea musicoterapia en el día a día

Escuchar música instrumental, sonidos binaurales o ritmos de la naturaleza puede reducir el estrés, fomentar un espacio mental más tranquilo y equilibrado, disminuir síntomas de ansiedad, aumentar la efectividad del sueño y mejorar tu enfoque y la creatividad.

¿Cómo hacerlo?

Empieza implementando la música que te menciono cada vez que te encuentres en un bucle de pensamientos sin sentido. Imagínate que abres el kit de primeros auxilios de la mente, pones música o te colocas tus auriculares.

Recomendaciones adicionales:

- **Escucha música relajante,** como las obras de Debussy, Satie, Brian Eno y Ludovico Einaudi.
- **Escucha sonidos** de la naturaleza o *soundscapes* como olas, lluvia y viento.

- **Escucha canciones** con letras motivadoras que promuevan pensamientos positivos o emociones agradables.
- **Evita canciones** con letras que puedan intensificar tus emociones negativas o fomentar los pensamientos repetitivos.
- **Los sonidos binaurales** y relajantes escuchados con auriculares ayudan a inducir estados cerebrales de calma y relajación (busca audios con frecuencias alrededor de 432 Hz o 528 Hz)..
- **Recuerda siempre** crear tu lista de reproducción personalizada, esa que aquieta tu mente y alma.
- **Puedes practicar** musicoterapia para realizar tus ejercicios de respiración y de visualización, tu meditación o antes de irte a dormir.

El baile te libera

Baila como si nadie te viera (¡créeme que tu cerebro sí lo va a notar!). El baile potencia neurotransmisores relacionados con la calma a través del movimiento y libera los circuitos de pensamiento fijos a través de la activación de tus centros encefálicos motores, sensitivos, emocionales, cognitivos y del equilibrio.

¿Cómo hacerlo?

- **Usa una canción** que te guste o que tenga un tempo alegre.
- **Empieza a bailar** de manera espontánea y focaliza en sensaciones físicas como tus pies en el suelo, tu ritmo respiratorio o tu corazón acelerándose.
- **Ánclate gradualmente** al presente a través del movimiento de tu propio cuerpo en libertad.
- **Evalúa cómo te sientes** al finalizar la canción. ¿Te ayudó a bajar la rumiación?

6

La visión y la imaginación

Usa recordatorios visuales

Esta herramienta te ayuda a conectar con el presente y con ideas positivas, además de reconectar con tus recuerdos. Al tener algo que puedes ver, tu mente focaliza en ello, de manera consciente e inconsciente, promoviendo el cambio en el patrón del pensamiento. Dichos recordatorios pueden ser objetos, imágenes, frases o símbolos.

¿Cómo hacerlo?

- **Coloca notas** o imágenes inspiradoras en lugares visibles para recordarte que te centres en lo positivo. Puedes emplear la estrategia de pegar *post-its* en las paredes de tu estancia. Déjame darte algunos ejemplos:
  - «Solo importa este momento».
  - «Respira y sigue adelante».
  - «Solo concéntrate en lo que puedes controlar».

- **Emplea fotografías** o imágenes que evoquen sentimientos de tranquilidad, felicidad o inspiración. Usa fotos de momentos felices, paisajes naturales o imágenes que simbolicen calma para ti.
- **Escoge objetos significativos** que te recuerden focaliza en el presente o que tengan un valor emocional positivo. Estos actúan como anclas visuales que te devuelven al «aquí y ahora» cada vez que los ves o los tocas. Déjame darte algunos ejemplos:
  - Una piedra suave o un cristal.
  - Un pequeño objeto decorativo.
  - Tu planta favorita.
  - Un regalo que te dieron y que te evoca un recuerdo positivo/inspirador.
- **Ten un tablero de visión** (o tablero de acción, como prefiero llamarlo), donde colecciones imágenes, palabras o símbolos que representen tus metas o el estado mental que deseas alcanzar y los pasos graduales que vas a dar con el fin de alcanzar tu sueño. Recuerda tenerlo en un lugar visible para potenciar ese sistema reticular activante cerebral que te ayuda a encontrar oportunidades a favor de tus metas, recordar constantemente tus propósitos y mantener una mentalidad positiva, evitando caer en los pensamientos repetitivos.
- **Cambia el fondo** de pantalla de tu teléfono, ordenador o tablet a imágenes que promuevan calma o pensamientos positivos. Como son de uso frecuente, tu mente recibirá en repetidas oportunidades mensajes de tranquilidad. Déjame darte algunos ejemplos:

- Paisajes naturales relajantes: montañas, playas, bosques.
- Frases de motivación o gratitud.
- Foto de tu núcleo: familia o amigos (que se vuelven familia).
- La imagen de tu tablero de acción (o mapa de sueños).

- **Calendarios con recordatorios** de autocuidado.
  - «Toma un descanso».
  - «Haz una pausa para respirar lentamente».

La técnica del «detente»

Esta técnica te permite interrumpir tu ciclo de pensamientos cambiando de enfoque, al decir o pensar la palabra DETENTE y luego reemplazar los pensamientos negativos por otros más productivos o centrados en el presente.

¿Cómo hacerlo?

- **Cuando te sorprendas rumiando** un pensamiento que ya has repetido varias veces sin encontrar ninguna solución (como «¿Por qué dije eso en la reunión? Seguro piensan que soy incompetente»), di en voz alta o en tu mente, ¡DETENTE!
- **De inmediato imagina** una señal en alto, una puerta cerrándose, una gran barrera generándose y bloqueando el acceso a los pensamientos intrusivos o cualquier símbolo visual que asocies con *parada*. Esto

sirve como un «interruptor» mental del flujo del pensamiento negativo. Puedes acompañar el DETENTE con un pequeño gesto físico que recuerde el mensaje, como chasquear tus dedos o cerrar el puño.

- **En vez de emplear** DETENTE, puedes decir también PARA, STOP, NO SIGAS. Encuentra el término que funcione para ti.
- **Después, redirige** tu atención a una actividad como hacer ejercicio, escuchar música, leer un artículo, hacer una tarea pendiente o traer a tu mente un recuerdo agradable, como pensar en alguien que te hace sentir bien.

  Si te cuesta dejar ir el pensamiento rumiante, escríbelo en una libreta para soltarlo y crear un límite mayor entre el pensamiento y tu mente.

La técnica de la hoja flotante

Esta estrategia fortalece la capacidad de «desapegarnos» de nuestros propios pensamientos, esos que infinidad de veces nos hacen tanto daño. Se basa en la visualización y aceptación de los pensamientos como algo que puede ser observado sin juicio. La idea es que vas a permitir que los pensamientos pasen, pero sin aferrarte a ellos, similar a observar hojas que flotan en un río.

¿Cómo hacerlo?

- **Encuentra un lugar tranquilo** donde puedas sentarte o acostarte cómodamente, sin distracciones. Puedes cerrar los ojos, si esto te ayuda a concentrarte.
- **Respira profundamente** para relajarte.
- **Visualiza un río** tranquilo fluyendo frente a ti. Imagina el movimiento del agua creando un espacio sereno y pacífico. Puedes pensar en el sonido del agua y experimentar toda la calma que te trae.
- **A medida que surjan** los pensamientos rumiantes, imagina que colocas cada uno en una hoja y la dejas flotar sobre esa agua en movimiento. Observa cómo se desliza con suavidad por el río, llevándose el pensamiento consigo.
- **Permítete observar** las hojas (los pensamientos) mientras flotan en el río, sin intentar detenerlas ni aferrarte a ellas. Simplemente reconoce que están ahí y permite que sigan su curso.
- **Vuelve a tu respiración** y nota cómo te sientes ahora, en comparación con el principio del ejercicio. ¿Quizá más ligero? ¿Notaste que bajaba en la rumiación? (¡Espero que sí!).
- **Cuando estés listo,** abre los ojos y regresa a tu entorno. Tómate un instante para reflexionar sobre tu experiencia y cómo puedes aplicar esta técnica en escenarios futuros de rumiación.

La técnica de la caja de pensamientos

Esta es una estrategia práctica y visual para que reduzcas la rumiación mental. Está diseñada para ayudarte a «guardar» pensamientos intrusivos y preocupaciones, limitando su influencia y ayudando a entrenar a la mente para dejarlos ir.

¿Cómo hacerlo?

- **Encuentra un espacio tranquilo,** un lugar donde puedas concentrarte sin interrupciones.
- **Ahora visualiza una caja,** de cualquier tamaño, forma o color que elijas.
- **A medida que los pensamientos** intrusivos o repetitivos surjan, trata de reconocerlos y etiquetarlos. Emplea algún descriptor, como «preocupación por el trabajo», «miedo al futuro», entre otros.
- **Luego, imagina que pones** esos pensamientos dentro de la caja. Visualiza cómo cierras la tapa de la caja una vez están todos dentro. La idea es que los pensamientos estén «guardados» y no interfieran con tu presente.
- **La caja no significa** que ignoras o reprimes tus pensamientos, sino que los estás dejando de lado temporalmente. Puedes decirte que volverás a revisarlos en otro momento, cuando decidas hacerlo.
- **Una vez cierres la caja,** redirige tu atención a lo que estás haciendo en el presente.

- **Ahora te preguntarás,** ¿cuándo debo revisar la caja? Si decides que ciertos pensamientos necesitan atención, establece un momento específico del día para «abrir» la caja y reflexionar sobre ellos. Esto te ayuda a que la rumiación no te consuma continuamente.

La técnica de la burbuja

Esta es una estrategia visual que se basa en imaginar tus pensamientos como burbujas, permitiéndote observarlos sin quedarte atrapado en ellos para luego dejarlos ir, promoviendo una sensación de desapego saludable y ayudándote a reducir la intensidad de la rumiación.

¿Cómo hacerlo?

- **Encuentra un lugar tranquilo,** sin distracciones.
- **Observa el pensamiento** que está rondando tu mente sin juzgarlo. Puede ser una preocupación, una duda o cualquier cosa que te genere malestar.
- **Imagina ahora** que ese pensamiento está dentro de una burbuja transparente. Esa burbuja representa el espacio para contener el pensamiento, separándote de él.
- **Ahora, mira** el pensamiento dentro de la burbuja como si fuera un objeto ajeno a ti. Reconoce que solo es un pensamiento y que tú tienes el control para observarlo sin dejar que te domine.

- **Luego, visualiza** la burbuja alejándose lentamente o flotando hacia el cielo. A medida que la burbuja se va, siente también cómo el pensamiento se disuelve.
- **Ha llegado el momento** de centrar tu atención en el ahora. Puedes a partir de este momento concentrarte nuevamente en lo que estabas haciendo.

Los **pensamientos** fluyen y se **disuelven**; no te quedes **atrapado** en ellos.

La técnica de visualización de luces

Esta es una herramienta de relajación que ayuda a reducir la rumiación al concentrarte en una imagen mental calmante, como una luz. Al practicarla regularmente, puedes crear una «señal mental» que tu cerebro asocie con calma y paz mental, haciéndola aún más efectiva para aliviar la rumiación.

¿Cómo hacerlo?

- **Encuentra un lugar cómodo,** donde puedas cerrar tus ojos sin interrupciones.
- **Realiza 5 respiraciones profundas** y lentas para prepararte, inhalando por la nariz y exhalando por la nariz y boca. Esto te ayudará a relajarte y centrar tu atención en el ahora.
- **Imagina una luz cálida,** como un pequeño punto que aparece frente a ti. Puede tener el color que prefieras, el que te resulte más tranquilizante... quizá azul, blanco o dorado. ¿Cuál te parece mejor para ti?
- **Ahora, visualiza cómo esta luz** comienza a crecer lentamente, envolviendo todo tu cuerpo. Siente cómo te cubre con suavidad, llevándote a una sensación de calma y serenidad corporal.
- **Imagina ahora que cualquier pensamiento** intrusivo se disuelve en esa luz. Cada vez que surjan pensamientos, deja que se mezclen con esa luz y desaparezcan, como si se disolvieran en el aire.

- **Después de unos minutos,** empieza a reducir la luz hasta que se convierta en un pequeño punto y luego desaparezca.
- **Ahora, realiza nuevamente** 5 ciclos de inhalación y exhalación lentas y profundas y, cuando te sientas listo, abre los ojos.

Recordatorio amoroso

Puedes liberar tu mente de los pensamientos repetitivos dirigiendo tu atención a experiencias visuales y sensoriales positivas.

La técnica de visualización del semáforo

Esta estrategia se basa en romper el patrón que tengas rondando en tu cabeza una y otra vez imaginando un semáforo. Te guía hacia un estado de calma y de mayor control sobre tu mente, dándote un proceso claro para reconocer, evaluar y dejar ir los pensamientos intrusivos.

¿Cómo hacerlo?

- **Busca un espacio** donde puedas sentarte o acostarte cómodamente sin interrupciones.
- **Realiza 5 ciclos** de respiraciones inhalando y exhalando de manera lenta y profunda.

- **Ahora, imagina** un semáforo frente a ti, con las luces roja, amarilla y verde. Cada color representa un estado diferente en tu proceso de rumiación y te ayudará a guiar tus pensamientos.
- **Luz roja (detén el pensamiento):** cuando te venga un pensamiento en bucle, visualiza que se enciende la luz roja del semáforo. Esta luz representa entonces una señal de *stop* para que te detengas y reconozcas que estás comenzando a entrar en una rumiación. Tómate un momento para identificar el pensamiento sin juzgarlo.
- **Luz amarilla (reflexiona brevemente):** una vez hayas identificado el pensamiento, cambia a la luz amarilla. Esta luz significa «precaución» y te invita ahora a observar el pensamiento con cierta distancia. Pregúntate si realmente es útil seguir pensando en esto y si hay algo concreto que puedas hacer al respecto.
- **Luz verde (déjalo ir y continúa):** por último, cambia a la luz verde, esa que te indica que es momento de seguir adelante y dejar el pensamiento atrás. Visualiza cómo el pensamiento se aleja muy despacio hasta desaparecer, y dirige tu atención a algo positivo o a la actividad que estabas realizando y que interrumpiste por la rumiación.

Técnica del reloj de arena

Esta estrategia te permite estructurar visualmente el tiempo dedicado a reflexionar sobre un problema. La rumiación suele ser desordenada y se expande muy pronto en la ausencia de límites. Al delimitar un tiempo, le quitas su poder invasivo (en el capítulo 12, «El tiempo», encontrarás técnicas complementarias).

¿Cómo hacerlo?

- **Emplea un reloj** de arena para delimitar el tiempo dedicado a explorar los rincones más intrincados de tu mente. Si no tienes uno en casa, visualiza uno en tu mente. Cada grano que cae simboliza un pensamiento repetitivo.
- **Observa ahora** cómo los granos caen lentamente, llevándose tus preocupaciones mientras el tiempo avanza. No se trata de reprimir, sino de contener su expansión.
- **Siente el alivio** y la libertad a medida que tus pensamientos fluyen y se escapan por el reloj de arena.

  Una vez finalice la caída de todos los granos de arena, permítete continuar las actividades que venías realizando.

7

Tu cuerpo y su cuidado

Practica ejercicio físico

Puedes hacer cualquier tipo de ejercicio. Sin embargo, te explicaré una excelente forma de reducir la rumiación: el entrenamiento de intervalos de alta intensidad (HIIT, por su sigla en inglés). La intensidad de este ejercicio puede ayudarte a centrar tu atención en el presente, distraerte del exceso de pensamientos y fomentar los cambios a nivel cerebral y sistémico para mejorar tu gestión emocional y disminuir el estrés.

¿Cómo hacerlo?

- **Calentamiento:** 5 minutos.
  - Haz movimientos de bajo impacto como caminar, trotar o saltar suavemente. Esto prepara tu mente y tu cuerpo para el ejercicio.

- **Entrenamiento de intervalos:** 10-15 minutos. Alterna entre 30 segundos de ejercicios intensos y 30 segundos de descanso. Puedes hacer lo siguiente:
  - 30 segundos de saltos en cuclillas: baja en una sentadilla y salta al subir.
  - Descansa 30 segundos.
  - 30 segundos de *burpees*: desde una posición de pie, agáchate, coloca las manos en el suelo, extiende los pies hacia atrás en una plancha, y salta de nuevo hacia la posición inicial.
  - Descansa 30 segundos.
  - 30 segundos de escaladores: en posición de plancha, lleva las rodillas sucesivamente hacia el pecho a una velocidad rápida.
  - Descansa 30 segundos.
  - 30 segundos de saltos con rodillas altas: corre en el lugar levantando las rodillas lo más alto que puedas.
  - Descansa 30 segundos.
- **Enfriamiento:** 5 minutos.
  - Realiza estiramientos suaves y ejercicios de respiración lenta y profunda para relajar el cuerpo. Esto ayuda a que tu ritmo cardíaco vuelva a la normalidad y te permitirá cerrar la estrategia de una manera calmada.

Cuida tu postura

Cuidar tu postura puede ser útil para reducir la rumiación, ya que la forma en la que mantenemos nuestro cuerpo afecta directamente nuestro estado mental y emocional. Trabaja por tener una postura adecuada, que promueva una mayor oxigenación, concentración y sensación de confianza, control y relajación.

¿Cómo hacerlo?

- **Mantén la columna erguida:** imagina que hay una cuerda que tira suavemente de tu coronilla hacia arriba. Esto te ayuda a alinear la columna y reducir la tensión en el cuello y la espalda.
- **Relaja los hombros:** a menudo acumulamos tensión continua en esta parte de nuestro cuerpo. Asegúrate de que estén bajos y relajados, lejos de las orejas.
- **Pies firmes en el suelo:** mantén los pies apoyados en el suelo, paralelos entre sí. Esto te proporciona una base estable.
- **Evita inclinar la cabeza:** la posición de «cabeza hacia adelante» es común al usar dispositivos. Trata de mantenerla alineada con el torso y el cuello para reducir la tensión.
- **Brazos y manos relajados:** si estás sentado, coloca las manos sobre tus muslos o en posición relajada.

Ahora, te enseñaré un ejercicio para tomar consciencia de tu postura:

- **Encuentra una posición cómoda**, sentado en una silla o de pie.

- **Cierra los ojos,** inhala por la nariz, exhala por la nariz y boca, notando cómo se siente tu cuerpo en esta postura.
- **Visualiza cada vértebra** apilándose correctamente una sobre otra, y ahora permite que tu pecho se abra con suavidad y que tus hombros se relajen hacia abajo.
- **Nota la sensación** de estabilidad que te dan tus pies sobre el suelo. Siente que estás enraizado y anclado al presente.
- **Con cada inhalación,** nota si algún punto de tu cuerpo está tenso, como el cuello, la mandíbula o los hombros. **Con cada exhalación,** relaja gradualmente cada una de estas zonas.
- **Permanece en esta posición** 2-3 minutos más, concentrándote solo en la respiración y en la sensación de estabilidad.

Recordatorios amorosos

- **Si te das cuenta** en el día a día de que tienes una postura encorvada, modifícala. Tu mente y tu cuerpo están conectados de manera bidireccional.
- **Practicar una postura** correcta de manera consciente también actúa como una forma de *mindfulness*, promoviendo una sensación de calma y reduciendo la distracción mental.

Cuida el cuerpo (tu templo)

El autocuidado hace que tu mente se desvíe de los pensamientos repetitivos hacia los detalles de cierta actividad en particular, permitiéndote un descanso del ciclo de pensamientos y aportándote bienestar. Piensa en estas actividades como un simple y poderoso *reset* mental.

¿Cómo hacerlo?

- **Date un baño de calidad,** ese que quizá no te puedes dar en la cotidianidad por el ritmo del día a día.
- **Lee algunos capítulos de un libro** que te guste y permite que tu mente haga una inmersión en la historia que se narra.
- **Sal de tu casa y camina unos minutos** (si tienes mascota, disfruta de su compañía).
- **Prepárate una bebida caliente,** siente la textura de los ingredientes, percibe los aromas y el sabor.
- **Escucha tu música favorita,** ponle atención a la letra, el ritmo y los instrumentos.

La sonrisa forzada

Esta técnica es sencilla y efectiva; ayuda a interrumpir la rumiación y mejorar tu estado de ánimo. Aunque puede parecer artificial (¡y es que en parte lo es! 😊), el simple acto de sonreír activa músculos faciales que envían señales al cerebro potenciando las áreas relacionadas con la felicidad, bajando el estrés y contrarrestando las áreas de la rumiación.

¿Cómo hacerlo?

- **Encuentra un espacio** donde te sientas cómodo y sin distracciones.
- **Coloca tus labios** en una posición de sonrisa, sin importar si al inicio se siente un poco raro o artificial. Puedes levantar las comisuras de los labios (es decir, las esquinas de tu boca) y mantener esa postura durante unos 30 segundos.
- **Mientras sostienes la sonrisa,** respira lenta y profundamente, trabajando de manera concomitante en relajar cualquier tensión en tu cuerpo.
- **Observa ahora cómo te sientes** al sostener la sonrisa. Puede que te parezca extraño, lo sé, pero presta atención a cualquier cambio en tu estado de ánimo o en tus pensamientos.
- **Puedes repetir esta técnica** cada vez que la rumiación tome el control.

Establece rutinas de sueño

El sueño reparador es aquel en el que te despiertas sintiéndote descansado y con energía, y del que obtienes todos los beneficios en términos de neuroplasticidad positiva y reparación de todo tu sistema, que ya conoces. Recuerda priorizar la calidad de este y evitar su procrastinación.

¿Cómo hacerlo?

Aquí te dejo algunas recomendaciones que puedes implementar gradualmente (de manera simultánea o alternada, a fin de no sobrecargarte con una rutina interminable) para potenciar tu descanso:

- **Desconexión digital** (30-60 minutos antes de dormir): apaga todas las pantallas, incluidos móvil, ordenador y televisor. Si requieres estar conectado, activa el modo «luz nocturna» en tus dispositivos o establece límites en la pantalla.
- **Ambiente ideal:** baja las luces para decirle a tu cuerpo y tu mente que es hora de descansar. Asegúrate de que tu habitación esté a una temperatura fresca y cómoda. Puedes emplear aromaterapia con aceites esenciales relajantes como lavanda, manzanilla, bergamota, rosa o sándalo.
- **Haz estiramientos suaves** y respiración consciente: libera la tensión acumulada para ayudarle a tu cuerpo a entrar en modo descanso. Inhala por la nariz contando hasta 4, retén el aire por 4 segundos y exhala por nariz y boca en 4 segundos más.
- **Date una ducha de agua caliente:** relaja tu cuerpo a través del calor.

- **Escribe un diario:** anota cualquier preocupación o pendiente para «descargar» tu mente. Luego, escribe algo bueno que te haya pasado durante el día.
- **Realiza una lectura relajante** que te desconecte del día a día.
- **Escucha una meditación** guiada o música relajante con sonidos de la naturaleza.
- **Despedida del día:** agradece mentalmente por el día que has pasado y define una intención para el día siguiente (¡algo tan simple como «mañana será un buen día» marca la diferencia!). Este pequeño gesto te ayuda a cerrar el día con gratitud, entrar en un estado de calma y motivarte para el día siguiente.
- **Si padeces de insomnio,** limita las bebidas estimulantes como el café y el ejercicio físico a partir de las 2 de la tarde (te amplío este tema en el capítulo 13, «Los filtros que instauras»).
- **Puedes tomarte una bebida caliente** de manzanilla, que te ayude a encontrar calma e inducir el sueño.

Reduce el uso de pantallas

El uso excesivo de pantallas sobreestimula tu mente, altera tu atención, afecta tu patrón de sueño (al no permitir una adecuada liberación de melatonina, por la luz brillante y azul), te aleja del mundo real, y contribuye a la presentación de la rumiación. Además, el consumo de redes sociales y noticias suele exponernos a estímulos negativos o estresantes que contribuyen al sobrepensar, como ya sabes.

¿Cómo hacerlo?

Déjame darte algunas estrategias prácticas para reducir el tiempo frente a las pantallas y mejorar tu estado mental. En el capítulo 13, «Los filtros que instauras», encontrarás técnicas complementarias.

- **Establece horarios libres de pantallas:** dedica ciertos momentos del día para desconectarte por completo de las pantallas, como los primeros 30 minutos de la mañana y la última hora antes de dormir. Este hábito te ayudará a empezar y terminar el día con una mente más clara y relajada.
- **Practica la «dieta digital»:** decide conscientemente el tipo de contenido que consumes, eligiendo lo que te inspire o motive. Reduce el tiempo en redes sociales o noticias si notas aumento de la rumiación.
- **Usa el «modo avión»** o «no molestar» en momentos de descanso: por ejemplo, cuando vas a almorzar, trabajar en una tarea, tener una conversación importante o dormir. Concentrarte en el presente sin interrupciones siempre será una buena idea.
- **Toma «mini descansos»** sin pantallas durante el trabajo o estudio: cada hora, haz un descanso de 5 minutos sin pantallas. Usa ese tiempo para estirarte, caminar, o simplemente mirar por la ventana y conectar con el mundo real. Estas pausas cortas te ayudan a despejar la mente y a reducir el estrés acumulado.

- **Realiza tus actividades físicas** y de ocio sin pantallas: incorpora en tu vida más actividades «fuera de línea» que mantengan tu mente ocupada, libre de las pantallas, como leer un libro físico, hacer ejercicio, cocinar o dibujar. Estas actividades te permiten un «cambio de canal» mental y te acercan a la realidad tangible.
- **Limita el uso de pantallas** en la cama, que es tu lugar de descanso. En lugar de eso, intenta leer o hacer una pequeña meditación.
- **Establece un «día sin pantallas»** o «media jornada digital»: reserva un día o un fin de semana sin dispositivos digitales. Puedes aprovechar para dar un paseo rodeado de naturaleza o compartir este tiempo con amigos y familia.
- **Activa el modo escala de grises** en tu celular para que no resulte tan gratificante mirarlo. Ya verás el efecto sobre tu mente cuando te des cuenta de que ya no es nada divertido ver el mundo digital en blanco y negro, al no liberar esa dopamina «rápida» anclada a los múltiples colores y sus destellos.
- **Emplea filtros de luz azul** para prevenir la supresión de melatonina.
- **Designa espacios libres de tecnología en tu casa** (búnkeres digitales). Procura no emplear el móvil en tu habitación.
- **Reemplaza el estímulo visual** de las pantallas por otras experiencias sensoriales. Déjame darte dos ejemplos: durante tus caminatas escucha un audiolibro o un pódcast y emplea la arena cinética para jugar con ella cuando surja el impulso de mirar el móvil.

Baños relajantes

Mientras te das un baño, los sentidos se activan anclando tu mente al presente. La temperatura, el sonido del agua y los aromas de aceites o sales ayudan a redirigir tu atención desde los pensamientos repetitivos hacia las sensaciones físicas, distrayendo la mente de esos ciclos de pensamiento que tanta sobrecarga te generan. Además, activas el sistema parasimpático, bajas el estrés y promueves la relajación.

¿Cómo hacerlo?

- **Piensa que darte un baño** es un ritual de cuidado para tu mente.
- **Puedes emplear sales de baño** o aceites esenciales como lavanda, manzanilla o eucalipto para fomentar la calma, bajar la ansiedad y mejorar el ánimo.
- **Usa luz tenue** o velas para crear un ambiente tranquilo y acogedor.
- **Siente el calor del agua,** el peso de tu cuerpo relajándose y el aroma de los aceites.
- **Concéntrate en tu respiración** lenta y consciente.
- **Escucha música suave** o sonidos relajantes.
- **Al finalizar el baño,** haz una pequeña reflexión positiva o establece una intención para lo que quieres lograr en el resto del día o en la noche.

Baño con agua fría o con hielo para aquietar tu mente

Probablemente has oído hablar de este método, que emplea hielo y agua fría como formas de hacer una redistribución de la sangre a los sitios que más nos interesan cuando estás, por ejemplo, en modo supervivencia o en apnea (como ocurre durante el buceo). Estos sitios a los que se va esa sangre son tus órganos vitales. Esta técnica, además, libera neurotransmisores relacionados con el bienestar mental, activa el estado de calma en la mente y parece potenciar el sueño profundo (o sueño de ondas lentas), según estudios recientes.

Nota clave

Esta técnica aún la estamos intentando entender desde las neurociencias. Sin embargo, ha mostrado grandes beneficios para muchas personas, no solo en los estudios, sino en escenarios cotidianos de la vida real.

¿Cómo hacerlo?

- **Si te encuentras con la mente agitada,** en medio de una rumiación intensa, y si no tienes contraindicaciones para hacerlo, toma un baño con agua fría. Algunos elementos claves:

- **Antes de entrar a la ducha,** tómate unos minutos para respirar profundamente.
- **Cuanto más fría el agua,** mejor.
- **Permite que todo tu cuerpo,** incluida tu cara, reciba el agua. Lo anterior es porque hay un reflejo relacionado con la sensibilidad de la cara, mediado a través del nervio trigémino, que se activa cuando esta entra en contacto con el agua fría. Se conoce en medicina como «reflejo de buceo», «reflejo de inmersión», «trigémino-cardíaco» o «trigémino-vagal». Déjame explicarte un poco más: tu nervio trigémino detecta el estímulo frío en la cara y el nervio vago media la respuesta parasimpática que reduce tu frecuencia cardíaca y optimiza el uso de oxígeno, priorizando órganos vitales, reduciendo el flujo en las extremidades y redirigiendo la circulación sanguínea hacia tu cerebro, tus pulmones y tu corazón.
- **Focaliza en las sensaciones físicas.** Observa cómo reacciona tu cuerpo y cómo cambia tu respiración. Procura mantenerte en calma, practicando la respiración consciente (inhala profundamente, que protruya tu pecho y abdomen, y exhala lentamente).
- **Puedes empezar con 1 minuto** e ir aumentando el tiempo que recibes y sientes los beneficios del agua fría/hielo.
- **En caso de no tener la posibilidad** de darle una ducha a todo tu cuerpo, puedes usar un tazón para hacer inmersión facial exclusiva y obtener beneficios similares.

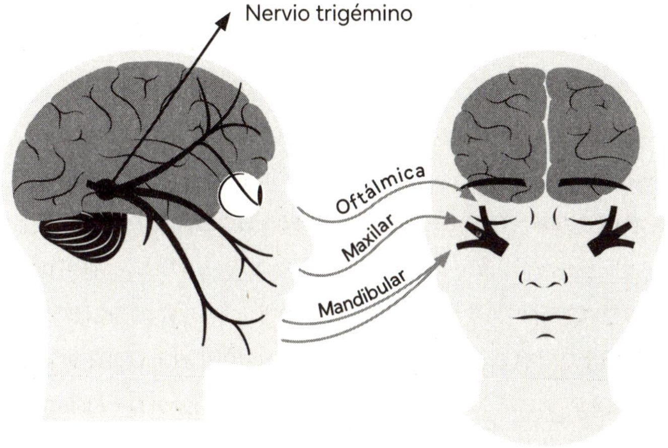

Toma microdescansos

Esta técnica se basa en breves pausas que puedes tomar durante el día para descansar tu mente y tu cuerpo y reducir la fatiga cognitiva.

¿Cómo hacerlo?

- **Los microdescansos** suelen durar de 1 a 5 minutos.
- **Puedes hacerlos cada 30-60 minutos** de trabajo o estudio o cuando tu mente comienza a divagar y a sobrecargarse.
- **Durante ese espacio,** puedes:
  - Realizar respiraciones profundas.
  - Hacer estiramientos cortos, como tocarte los dedos de los pies, estirar los brazos hacia el techo o girar el cuello con suavidad.

- Dar una caminata breve (algo tan sencillo como una vuelta corta por la habitación puede ser suficiente).

Técnica de relajación muscular progresiva

Esta estrategia te ayuda a liberar tensión, disminuir el estrés y promover la relajación general del cuerpo y la mente.

¿Cómo hacerlo?

- **Encuentra un lugar cómodo** y sin distracciones donde puedas sentarte o acostarte.
- **Cierra los ojos** si te sientes cómodo haciéndolo.
- **Tómate unos momentos** para respirar profundamente. Pueden ser de 2 a 3 ciclos para comenzar a relajarte.
- **Ahora, tensa** y luego relaja tus músculos, empezando de los pies hacia arriba, o viceversa:
    - Pies:
        - **Tensa:** aprieta los dedos de los pies y mantén la tensión durante 5 segundos.
        - **Relaja:** libera la tensión y siente cómo se relajan los músculos durante 10-15 segundos.
    - Pantorrillas:
        - **Tensa:** levanta los dedos de los pies hacia ti, tensando las pantorrillas. Mantén la tensión durante 5 segundos.
        - **Relaja:** suelta la tensión y siente cómo se relajan tus pantorrillas.

- Muslos:
  - **Tensa:** aprieta los músculos de esa zona durante segundos.
  - **Relaja:** suelta la tensión y observa la sensación de relajación.
- Abdomen:
  - **Tensa:** contrae los músculos del abdomen durante 5 segundos.
  - **Relaja:** libera y siente la relajación en esa área.
- Manos:
  - **Tensa:** cierra los puños con fuerza, manteniendo la postura durante 5 segundos.
  - **Relaja:** abre las manos y siente la diferencia.
- Brazos:
  - **Tensa:** levanta los brazos y aprieta los músculos, manteniéndolos así durante 5 segundos.
  - **Relaja:** baja los brazos y siente cómo se relajan.
- Cuello y hombros:
  - **Tensa:** eleva los hombros hacia las orejas y tensa el cuello durante 5 segundos.
  - **Relaja:** suelta el movimiento y siente cómo se desvanece la tensión.
- Cara:
  - **Tensa:** aprieta los músculos de la cara, frunciendo el ceño, cerrando los ojos y apretando la mandíbula durante 5 segundos.
  - **Relaja:** libera y siente la suavidad en tu cara.

Después de pasar por todos los grupos musculares, tómate un tiempo para respirar profundamente y disfrutar de la sensación de relajación en todo tu cuerpo.

Pausas breves de movimiento

Esta técnica se complementa con las anteriores. Los cambios en el estado físico pueden ayudarte a reconfigurar tu estado mental.

¿Cómo hacerlo?

Cuando te veas rumiando, realiza alguna de estas actividades durante 1-3 minutos:

- **Estiramientos de cuello y hombros:** inclina suavemente la cabeza hacia un lado, manteniendo el otro hombro hacia abajo. Mantén la posición durante 15-30 segundos y repite del otro lado. Luego, haz círculos con los hombros hacia atrás y hacia delante.
- **Camina en el lugar:** levantando las rodillas ligeramente, moviendo los brazos en círculos.
- **Respira en movimiento:** levanta los brazos por encima de la cabeza mientras inhalas profundamente y luego bájalos mientras exhalas. Repite este ciclo varias veces.

8

Tu voz y las palabras

Repite mantras para aliviar el perfeccionismo

Cuando tu cerebro te amplifique una y otra vez algún detalle (muchas veces sin importancia) alrededor de ese sello de perfeccionismo que tal vez te caracteriza, puedes decir mantras que te ayuden a encontrar alivio. Recuerda en este momento el significado de *man-tra* (instrumento mental).

¿Cómo hacerlo?

Guarda 2-3 minutos para ti y repite (en tu mente o en voz alta):

- **Mi cerebro prospera** con la acción, no con la parálisis de la perfección.
- **El progreso** es más valioso que la perfección.
- **El cosmos** no es perfecto y aun así existe el equilibrio.
- **La perfección** es una ilusión; el aprendizaje es una realidad.

- **El equilibrio** entre esfuerzo y descanso es lo que optimiza mi rendimiento.
- **Cada esfuerzo** es un puente hacia mis metas.
- **Lo hecho** es mejor que lo perfecto.

La técnica de «deshacer pensamientos»

Esta técnica consiste en identificar los pensamientos no deseados y desactivarlos a través de una frase que termina siendo tu mantra protector.

¿Cómo hacerlo?

Cada vez que notes que estás rumiando, verbaliza en voz alta, «deshago este pensamiento». Esta simple frase te puede ayudar a interrumpir el ciclo de rumiación. Paralelamente, puedes imaginar en tu mente cómo desaparece la frase.

El poder de las afirmaciones positivas

Esta estrategia se basa en declaraciones que se emplean para desafiar y cambiar creencias negativas o limitantes a través de frases cortas y afirmativas que se repiten una y otra vez para cambiar distorsiones cognitivas, reprogramar la mente y reducir la influencia de los pensamientos negativos.

¿Cómo hacerlo?

Crea una lista de afirmaciones que resalten tus fortalezas y logros. Puedes escribirlas en tu diario o pegarlas en la pared (piensa en tener un tablero o en la estrategia de *post-it*). Repítelas en voz alta cada mañana para fomentar tu mentalidad positiva y disminuir el sesgo de negatividad. Algunos ejemplos:

- **Soy suficiente** tal y como soy.
- **Puedo manejar** los desafíos que enfrento.
- **Controlo** mis pensamientos.
- **Elijo la paz** y la calma.
- **Me permito** tomar descansos y cuidar de mí.
- **Cada día es una nueva** oportunidad para crecer.
- **Agradezco las cosas** buenas de la vida.

Las palabras inspiradoras

El poder que emana detrás de cada palabra es enorme y puede ayudarte a construir/aliviar o destruir/sobrecargar tu día.

¿Cómo hacerlo?

Dedica tiempo a leer libros/artículos o escuchar pódcast que te inspiren, te motiven, cambien tu perspectiva, te brinden soluciones y no problemas, te hablen de crecimiento personal, salud mental y bajen tu rumiación.

La técnica de la «palabra clave»

Esta estrategia implica seleccionar una palabra que te inspire y te ayude a mantenerte presente.

¿Cómo hacerlo?

- **Elige una palabra** que te inspire tranquilidad (como paz, calma, equilibrio, cielo, fortaleza, presente, liberación, soltar). Cuando te sorprendas rumiando, repite esa palabra en tu mente para que redirijas tu atención al ahora.
- **Antes de comenzar a usarla,** tómate un instante para reflexionar sobre por qué elegiste esta palabra: ¿qué significa para ti? ¿Qué emociones o imágenes te evoca? **Esta conexión emocional** hará que esa palabra clave sea más poderosa cada vez que la emplees.
- **Ahora, cuando estés rumiando,** repite la palabra en voz alta o en tu mente. Puedes hacerlo de manera repetitiva, como un mantra, para ayudar a centrarte en el presente.
- **Mientras repites tu palabra,** intenta visualizar una escena o imagen que esté relacionada con ella. Si tu palabra es *calma*, puedes imaginar un lugar sereno como una playa tranquila o el bosque. Si, por el contrario, tu palabra es *soltar*, puedes imaginar unas cadenas liberándose.
- **Ahora te propongo** que no solo emplees la palabra clave durante la rumiación, sino también en momentos de tranquilidad, como en la meditación, antes de dormir o cuando te sientas relajado. Esto te ayuda a familiarizarte

con ella, programar tu mente y emplearla de manera cada vez más efectiva para bajar el estrés y la rumiación. Terminarás *hackeando* gradualmente tu cerebro hasta que la aparición de esa palabra en tu mente evoque y potencie la calma global de tu sistema (no solo en escenarios de rumiación).

Recordatorio amoroso

Si crees que tu palabra clave no está funcionando como esperabas, no dudes en cambiarla. A veces, una nueva palabra o frase puede resonar más contigo, según la etapa de vida en la que estés o las vivencias del día a día que hayas experimentado.

9

El silencio

Reduce los estímulos auditivos y aprecia el silencio

El silencio es un lienzo intangible donde tu mente pincela sin límites sus luces y sombras, permitiendo que tu cerebro se despoje de las máscaras que a menudo empleamos cuando hay ruido a nuestro alrededor y que nos impiden encontrarnos y reflejar nuestro «yo» real. Atrévete a encontrarte gradualmente en el laberinto silencioso de tu mente donde solo estás tú y tu «yo» más sabio. Te propongo que limites la exposición a ruidos fuertes o caóticos. Menos sobrecarga auditiva puede ayudar a que tu cerebro descanse y encuentre alivio de esa rumiación. En caso de que el silencio sea incómodo, dirígete a la técnica de «musicoterapia» o alguna otra de las que hemos aprendiendo y que implique movimiento de tu cuerpo o socialización.

¿Cómo hacerlo?

- **Establece horarios** para que puedas disfrutar el silencio. En algunos momentos, permítete estar sin dispositivos electrónicos o sin música. Aprende poco a poco a sentir la incomodidad, esa que termina siendo el puente que conduce a la conexión con tu «yo» real en silencio.
- **Escoge entornos tranquilos:** siempre que sea posible, opta por lugares silenciosos para trabajar, estudiar o relajarte, como bibliotecas, parques o cafés.
- **Escuchar música relajante** o sonidos de la naturaleza puede ayudarte a enmascarar ruidos molestos y promover un ambiente más calmado.

10

Tu mente, la aliada

Céntrate en el proceso, no en el resultado

Trabaja día a día para disfrutar de tu proceso, aprender de cada paso que tomas, y darte cuenta de tus pequeños logros y todo el esfuerzo que has puesto para alcanzarlos. La idea de este reentrenamiento mental es que no te preocupes tanto por los resultados finales para que logres bajar tu rumiación en relación con el éxito o el fracaso.

¿Cómo hacerlo?

Si tu mente está sobrepensando en el futuro (sobre lo que no ha ocurrido o aún no has logrado), llévala al presente de manera consciente y enséñale todos los micrologros que sí has alcanzado. Déjame darte algunas opciones adicionales:

- **En lugar de establecer objetivos** orientados hacia el resultado (como «quiero perder 5 kilos»), considera establecer metas del proceso (como «quiero practicar durante 30 minutos, 3 veces a la semana»). Esto te permite concentrarte en las acciones diarias que te llevarán al resultado que tanto anhelas.

- **Cambia tu perspectiva** en relación con los fracasos o contratiempos: en lugar de verlos como fallos, míralos como oportunidades de aprendizaje que te ayudarán a mejorar en tu presente y futuro. Pregúntate: ¿esta situación tuvo algún efecto beneficioso? ¿Me ayudó en algo? Si no, está bien; detrás de cada tropiezo puede que no siempre esté tan claro el efecto positivo sobre tu crecimiento personal; a veces solo deja más preguntas que respuestas, y puede que el tiempo sea el que te aporte claridad en medio de la incertidumbre del camino.

Recordatorio amoroso

No te llenes de culpas por no encontrar la luz que, en teoría, «siempre emana» en medio de la oscuridad.

La técnica «si... entonces...»

Esta herramienta te permite identificar una situación potencialmente problemática (el «si») y luego definir una respuesta planificada (el «entonces»), para romper patrones automáticos, anticiparte a las dificultades y lograr un mejor manejo de tus pensamientos y emociones.

¿Cómo hacerlo?

Cuando detectes que estás rumiando, di «si estoy rumiando, entonces haré (otra actividad)». Evalúa qué cambio de actividad te funciona mejor. Déjame darte algunos ejemplos:

- Si empiezo a pensar en mis preocupaciones antes de dormir, **entonces** escribiré en un diario mis pensamientos y preocupaciones para liberar mi mente.
- Si me pienso repetidamente en un error que cometí, **entonces** tomaré un momento para reconocer el error, escribir lo que aprendí de la experiencia y luego cambiaré mi enfoque hacia una actividad que disfrute.
- Si me despierto a las 3 de la mañana pensando en mis preocupaciones, **entonces** me levantaré de la cama, haré ejercicios de respiración profunda durante 5 minutos y leeré un libro tranquilo hasta que me sienta cansado de nuevo.
- Si empiezo a preocuparme por el futuro y lo que podría salir mal, **entonces** me centraré en lo que puedo hacer hoy para avanzar, haciendo una lista de tareas y priorizando lo más importante.
- Pienso demasiado en un proyecto que tengo que entregar, **entonces** dividiré el proyecto en pequeñas tareas y me comprometeré a trabajar en una de ellas durante 25 minutos al día, usando un temporizador.

La distracción activa

Participar en actividades que requieran concentración, como aprender algo nuevo (un idioma, tocar un instrumento, etcétera), leer, dibujar, cocinar, resolver rompecabezas o juegos de estrategia, tejer y hacer otras manualidades puede ayudar a desviar tu mente de los pensamientos repetitivos, centrarte en el presente y liberar emociones.

¿Cómo hacerlo?

Déjame darte un ejemplo con una de estas actividades. Si estás cocinando, concéntrate en las texturas, los sabores y olores. Trae tu mente a esta realidad, a tu presente, donde la mente está bien y no te pesa.

Visualiza los resultados positivos

La visualización implica imaginar en detalle un resultado deseado, ayudándote a programar tu cerebro consciente e inconsciente para alcanzar los logros, mejorar tu rendimiento y superar las creencias que te limitan para revelar tu máximo potencial. Es una herramienta poderosa donde tu mente se activa en diferentes regiones relacionadas con la atención, identificación de oportunidades, memoria, planificación motora y percepción sensorial, ayudando a redirigirla y reprogramarla de manera efectiva a favor de tus metas. Lo más interesante es que activa las mismas redes neuronales, como si lo que imaginas estuviera ocurriendo en la vida real (literalmente, es como un *preplay* que aumenta tu desempeño cerebral para cuando ocurra). Esta estrategia también te puede ayudar a aliviar la ansiedad y el estrés, motivarte y brindarle calma a tu mente. Permítete cambiar el enfoque y apagar gradualmente el gran sesgo de negatividad que tiene tu cerebro. Recuerda: cuanto más repitas esta técnica, más vas a fortalecer las redes neuronales para que tu mente te apoye en alcanzar lo que visualizas.

¿Cómo hacerlo?

Dedica unos minutos a imaginar en detalle cómo sería una situación estresante si resultara de la mejor manera posible. Déjame darte algunos ejemplos:

- **Tú en el escenario,** hablando con confianza, visualizando al público escuchándote con atención y reaccionando positivamente a tus palabras.
- **Tú sosteniendo una conversación** tranquila y productiva con alguien con quien tienes un conflicto. Visualiza el resultado positivo, donde ambos se entienden y llegan a un acuerdo.
- **Estás esperando un resultado médico** y, en vez de dejarte invadir por el peor de los desenlaces, imaginas a tu médico entrando en la sala de espera con una sonrisa y diciendo que tus resultados son normales y que no hay nada de qué preocuparse.
- **Tienes que coger un vuelo** y te aterra la idea de un accidente. Imagina el avión despegando suavemente en

medio de un cielo despejado, viendo a los otros pasajeros riendo y tú leyendo un libro o viendo una película interesante.

Haz un mapa mental

Visualizar tus pensamientos a través de un mapa mental puede ayudarte a organizarlos de manera estructurada (dándoles sentido y contexto), encontrar posibles conexiones entre ellos, priorizarlos, revisar si tienen cimientos reales y hallar soluciones. Básicamente, logras transferir los pensamientos que suelen estar dando vueltas en tu cabeza a una estructura visual que te reduce la carga mental y la ansiedad que genera la rumiación, y te ayuda a encontrar posibles salidas.

¿Cómo hacerlo?

- **Identifica el tema principal** de estos pensamientos y colócalo en el centro del papel. Por ejemplo, si estás rumiando sobre «estrés en el trabajo», esa sería tu idea central.
- **Crea subtemas o categorías:** dibuja ahora ramas que salgan del tema principal. En el ejemplo del trabajo, podrías colocar «tareas pendientes», «relaciones con compañeros» y «expectativas personales».
- **Profundiza en cada subtema:** agrega más ramas. Por ejemplo, en «tareas pendientes», coloca «proyectos», «plazos» y «prioridades». En «relaciones con compañeros», podría ser: «comunicación», «conflictos». En «expectativas personales», «perfeccionismo», «autocuidado».

Mapa mental

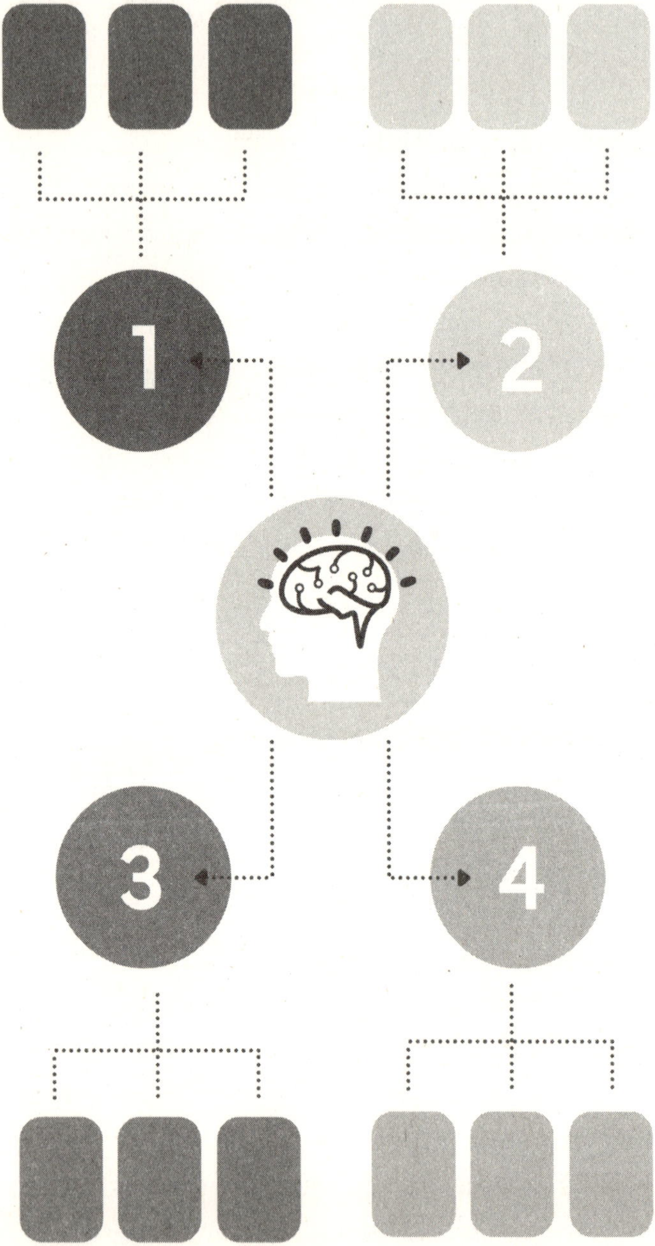

- **Identifica ahora soluciones** para cada problema: por ejemplo, en «plazos», podrías poner «planificación de tiempos» o «delegar tareas».
- **Ahora, revisa y reflexiona:** observa tu mapa mental en su totalidad y pregúntate si los problemas parecen más claros y manejables y si la claridad que tienes ahora te aporta alivio y te brinda opciones/soluciones para ir bajando gradualmente esa rumiación.

La técnica de preguntarse «el porqué»

Entender las causas fundamentales o raíces de tus pensamientos reiterativos te ayuda a comprender qué tienes que trabajar para salir de la trampa que representa el ciclo repetitivo de la mente. Literalmente, te estoy invitando a que nos volvamos niños de nuevo y que te preguntes una y otra vez el porqué, para entender los cimientos de tu pequeño mundo y sus aristas.

¿Cómo hacerlo?

Cuando te sorprendas rumiando, te sugiero lo siguiente:

- **Identifica el pensamiento principal** que te genera rumiación. Por ejemplo, «no soy lo suficientemente bueno en mi trabajo».
- **Pregúntate ahora: ¿por qué**? Cuestiona la razón detrás de ese pensamiento. Cada respuesta que generes

te conducirá a la raíz de este. Encontrarás creencias subyacentes o preocupaciones profundas que alimentan tu rumiación. Puede que te encuentres con datos claves como:

- Porque me siento inseguro de mis habilidades.
- Porque este proyecto es más complejo que otros que he hecho antes.
- Porque me preocupa que me pidan más de lo que puedo lograr.
- Porque tengo miedo de decepcionar a los demás si no lo hago perfectamente.
- Porque, si fallo, la gente pensará que no soy lo suficientemente capaz.

- **Ahora, reflexiona** sobre cómo sanar la raíz. Busca activamente posibles soluciones para eso que te genera rumiación, cierra ciclos, trabaja sobre el sentido de suficiencia y el perfeccionismo y encuentra formas adicionales de potenciar tu alivio.
- **En el ejemplo** que venimos trabajando, a partir de repetitivos porqués, encontramos que elementos como el miedo al juicio, el síndrome del impostor, el perfeccionismo y la necesidad de aprobación son las raíces probables de la rumiación y, por lo tanto, debemos trabajar en estrategias para manejar la inseguridad, como recordarte los logros del pasado y cambiar la idea de «perfección» por «progreso» para empezar a reducir la rumiación.

La terapia de aceptación y compromiso

Acepta esos pensamientos repetitivos y no pongas resistencia cuando aparezcan. Ya tenemos estudios que nos muestran que, para algunas personas, ofrecer resistencia o intentar suprimirlos aumenta su presencia. Es decir que la mente les termina dando más importancia. Lo anterior implica, entonces, que aceptar pensamientos y sentimientos, en lugar de luchar contra ellos, puede reducir la rumiación. No resistirse implica aceptarlos sin reaccionar emocionalmente, observándolos, sin juzgarlos ni analizarlos.

A mayor supresión, más expresión

¿Cómo hacerlo?

- **Pensemos en el ejemplo** anterior, «no soy lo suficientemente bueno en mi trabajo».
- **En lugar de tratar de luchar** contra este, piensa, «aquí está otra vez el pensamiento de que no soy lo suficientemente bueno. Es solo un pensamiento. No es verdad».
- **Deja que el pensamiento** esté presente e intenta no añadirle una emoción: «Este pensamiento está aquí, ahora. Es incómodo, pero no necesito resolverlo o cambiarlo en este momento. Simplemente, lo voy a observar como si estuviera viendo una nube pasar... ya sé que se presenta cuando estoy estresado y no necesito hacer nada especial con él».
- **Ahora, focaliza** en la respiración: «Voy a respirar profundamente y sentir el aire entrando y saliendo. Este pensamiento puede irse o quedarse, y yo puedo seguir haciendo mis cosas».
- **Si el pensamiento regresa,** repite el mismo proceso sin frustrarte. Recuerda que los pensamientos suelen regresar, pero cada vez logras observarlos con más calma... «mi mente puede pensar, pero yo no soy mis pensamientos y me permito seguir con mi día».

Recordatorio amoroso

Al no resistirte a los pensamientos y simplemente observarlos, les restas poder y permites que disminuyan con el tiempo. Recuerda: **la resistencia al pensamiento puede amplificar su permanencia.**

Promueve tu reestructuración cognitiva

Aprende a identificar cuando entras en ese bucle y a desafiar los cimientos de esos pensamientos negativos y de la catastrofización que te muestra tu cerebro. Revaluar sus raíces y contenido es indispensable para retomar el control de tu mente.

¿Cómo hacerlo?

Identifica uno a uno tus patrones de pensamiento distorsionados (como la catastrofización o el pensamiento «todo o nada»), piensa si es útil o no lo que estás pensando, reformula el pensamiento y reemplázalo por otros más racionales, reales, positivos o neutrales, tranquilos y generadores de soluciones. Te dejo un paso a paso:

- **Identifica el pensamiento** catastrófico y pregúntate: ¿qué es lo que temo que ocurra? ¿Cuál es el peor escenario?
  - «Voy a fallar en esta presentación y todos van a pensar que no soy competente. Me quedaré sin oportunidades de progreso».

- **Cuestiona la realidad** del pensamiento: ¿está basado en hechos reales o suposiciones? ¿Cuáles son las evidencias de que esto es lo que realmente va a suceder? ¿Existen otras posibilidades menos negativas o, por el contrario, maravillosamente positivas? ¿Esto ha ocurrido antes? ¿Cuál fue el resultado?
  - «En otras presentaciones he estado nervioso, pero han salido bien. Nadie me ha dicho que no soy competente».
- **Busca alternativas** más realistas: piensa en posibilidades menos extremas, más equilibradas.
  - «Es posible que esté nervioso y que cometa algún error, pero he practicado bastante y sé cómo cubrir los puntos principales. Aunque no sea perfecto, puedo hacerlo bien».
- **Evalúa el impacto** real del peor escenario: reflexiona qué ocurriría si el escenario que temes ocurriera. Con esto puedes ver que el peor escenario no sería tan devastador como piensas.
  - «Si llego a cometer un error en la presentación, es probable que la gente lo olvide rápidamente o que me den la oportunidad de mejorar para la siguiente».
- **Ahora, reemplaza** el pensamiento catastrófico por uno más balanceado:
  - «Estoy preparado para esta presentación. Es posible que esté nervioso, pero eso es normal, y lo haré lo mejor posible».

Trae recuerdos positivos conscientes a tu presente

Traer a la mente recuerdos buenos de tu pasado y revivirlos de manera intencional te permite alejar esos pensamientos negativos cuando estás en un bucle. Esas emociones positivas que generas te ayudan a disminuir la ansiedad, bajar la rumiación y promover una mente más tranquila.

¿Cómo hacerlo?

- **Trae a la mente un recuerdo positivo** que tengas, ese que representa quizá tu espacio seguro o un lugar que te brinde paz. Pueden ser unas vacaciones especiales, una celebración, un logro personal, un día en el que te sentiste pleno, un retiro que hiciste para promover tu salud mental o una persona cuya presencia en tu vida sea como rayos del sol.
- **Presta atención a los detalles:** ¿dónde estabas? ¿Con quién estabas? ¿Qué sentían tu mente y tu cuerpo en ese momento? Visualiza los detalles sensoriales (colores, sonidos, olores, temperatura) y encuentra calma en el alma. «Recuerdo el sonido de las olas, la sensación de la arena caliente bajo mis pies, el color del cielo al atardecer, la risa de mis amigos».
- **Conecta ahora con las emociones positivas** en ese momento: alegría, paz, equilibrio, gratitud, satisfacción... mantén el foco en esas sensaciones y déjate llenar por ellas.

- **Sigue respirando de manera consciente,** ánclate al ahora y regresa gradualmente tu mente al presente con serenidad.
- **Este recuerdo** puede actuar como tu «ancla emocional» para futuros eventos de rumiación.

Recordatorio amoroso

Recuerda que puedes traer de vuelta tu recuerdo (ancla emocional) cada vez que sientas que los pensamientos negativos intentan tomar el control.

Evita la multitarea mental

La multitarea es una ilusión de productividad que, en realidad, perjudica a tu cerebro a nivel cognitivo, emocional y fisiológico. Al contrario de lo que se cree, el cerebro no fluye realizando tareas simultáneas, sino que alterna rápidamente entre ellas, cambiando el foco atencional. Cada vez que cambias de tarea el cerebro gasta energía en «reconfigurarse», lo que genera fatiga mental y reduce la eficiencia. Por eso cuando intentas realizar múltiples tareas a la vez, puedes sentirte abrumado, cansado y ansioso. Al focalizar en una tarea a la vez, entregas lo mejor de ti y reduces la sobrecarga cognitiva que alimenta la rumiación.

¿Cómo hacerlo?

Si estás haciendo decenas de tareas al mismo tiempo, detente y haz lo siguiente (tu cerebro te lo agradecerá):

- **Realiza una lista** de pendientes.
- **Semaforiza** tu agenda.
- **Delega.**
- **Posterga** lo innecesario.
- **Toma** pequeños descansos.
- **Cambia el enfoque** de «lo tengo que terminar todo» a «voy a hacer esta tarea lo mejor posible».
- **Desintoxica tu atención:** limita las notificaciones y reserva momentos específicos para revisar tu correo electrónico o tus redes sociales.
- **Emplea el método Pomodoro:** focaliza en una sola tarea por bloques de tiempo, realizando por ejemplo 25 minutos de trabajo y 5 minutos de descanso. Después de 4 ciclos, toma un descanso más prolongado (15-30 minutos).
- **Prioriza las tareas** empleando la matriz de Eisenhower (urgente versus importante) para filtrar tareas y, por supuesto, aprende a decir «no» y empléalo cuando sea necesario soltar o poner un límite. Déjame mostrarte su estructura:

Método Pomodoro

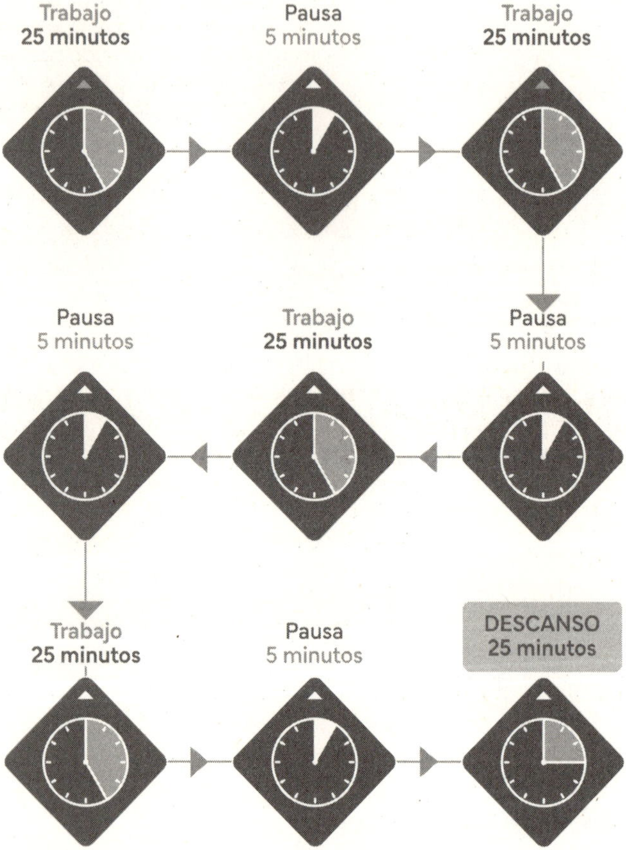

URGENTE + IMPORTANTE (hazlo pronto)	NO URGENTE + IMPORTANTE (planifícalo, agéndalo)
Acción: hazlo ya, focaliza primero en esto sin distracciones.	Acción: programa un horario (agenda un tiempo específico esta semana). Nota: prioriza este cuadrante porque la mayoría de las metas importantes (salud, bienestar y proyectos estratégicos) van aquí y, si te descuidas, terminarán convirtiéndose en urgentes.
Ejemplos: Terminar un informe que debe entregarse hoy. Resolver un problema técnico que detiene la producción.	**Ejemplos:** Hacer ejercicio para prevenir problemas de salud. Diseñar un plan de desarrollo profesional. Meditar para cultivar tu mente calma.
URGENTE + NO IMPORTANTE (puedes delegarlas)	**NO URGENTE+ NO IMPORTANTE (puedes ignorarlas o archivarlas)**
Acción: delega la respuesta o acción o establece límites	Acción: elimina/reduce estas tareas/acciones o hazlas solo en tiempos de descanso.
Ejemplos: Responder un correo a un colega que pregunta algo que otro puede resolver. Reunión recurrente sin agenda clara.	**Ejemplos:** Revisar redes sociales por hábito. Ver videos aleatorios en YouTube.

Practica la sabiduría del «sujeto»

¿Has notado que podemos llegar a ser excelentes consejeros cuando se trata de darle una recomendación a otra persona, pero quizá no somos los mejores si el consejo es para nosotros mismos? Ahora te pido que cultives ese sabio interior que hay en ti; confía en lo que tienes para brindarte en el día a día y que frecuentemente no empleas como estrategia de autoayuda.

¿Cómo hacerlo?

Cuando te sientas atrapado en tus pensamientos, pregúntate, «¿qué consejo le daría a mi mejor amigo en esta situación?». Lo anterior te puede ayudar a ver la situación desde una perspectiva más neutral, cultivar la autoconciencia, confiar en tu «yo» sabio y encontrar nuevos enfoques y soluciones.

La técnica del «foco en la siguiente tarea»

Cada vez que un pensamiento en bucle aparezca, redirige tu atención hacia la próxima tarea pequeña que debes realizar, sin preocuparte por lo que ya ha pasado o por lo que viene después. Esto ancla tus pensamientos al presente y a lo práctico, y simplifica tus prioridades mentales.

¿Cómo hacerlo?

- **Si estás estudiando** y te distraes con tus pensamientos sobre un examen, decide concentrarte únicamente en leer el próximo párrafo o en resolver el siguiente ejercicio.
- **Si estás pensando** en un correo que debes enviar, anótalo y vuelve a tu tarea. Dite a ti mismo: «Focalizaré en eso después, ahora estoy en otra cosa y luego sigue eso».

- **Si estás cocinando,** presta atención a cada paso: cortar ingredientes, mezclar, ajustar la temperatura, etcétera.

La crianza potenciada

Tu mente puede ser potenciada desde la forma de crianza, y por eso, como padres, tenemos una responsabilidad enorme y unas puertas abiertas para «moldear» de la mejor manera posible esos cerebros en desarrollo. Ningún padre es perfecto (y, de hecho, esa palabra pesa en nuestra mente y nos llena de culpas). Lo crucial es la consistencia en el amor, las enseñanzas alrededor de un nuevo mundo que se abre frente a sus ojos, los límites y la seguridad, no la perfección. Incluso en entornos adversos, un solo adulto significativo (madre, padre, otros familiares, maestro) puede compensar carencias y activar mecanismos de protección cerebral.

Nota clave

Un arquitecto (adulto significativo) puede modificar un diseño genético básico (los genes con los que nace) y una epigenética adversa (ambiente al que está expuesto), para construir un edificio (cerebro del niño) resistente a terremotos. A su vez, la obra de arte que de ahí surja (el niño fortalecido y amado) será un excelente arquitecto para la siguiente generación.

¿Cómo hacerlo?

- **Fomenta la validación emocional:** escucha y acepta los sentimientos de tu niño y adolescente.
- **Modela estrategias de afrontamiento:** enseña formas de manejar el estrés de manera constructiva, como hablar de los problemas, en lugar de quedarse atrapados en ellos o taparlos como si no existieran.
- **Refuerza una mentalidad de aprendizaje:** en vez de focalizar en los errores, puedes enseñar a verlos como oportunidades para crecer y guiarlos hacia las posibles soluciones.
- **Establece límites claros y seguros:** un entorno predecible reduce la incertidumbre y la rumiación.
- **Guía sus pasos bajo la luz del amor.** El amor todo lo puede y de eso no tengo la menor duda.
- **Enseña las técnicas que te muestro** en este libro como estrategias poderosas (más aún si se implementan desde temprano en la vida) para realizar una adecuada gestión emocional y hacerles frente a los pensamientos negativos.

Recordatorios amorosos

- **La crianza es una verdadera arquitectura neuronal.** El cuidado, los estímulos y los vínculos que ofrecemos a nuestros hijos actúan como constructores activos de su cerebro, moldeando literalmente su estructura física, sus conexiones sinápticas y su funcionamiento presente y futuro.

- Romper patrones de crianza deletéreos tiene un efecto sanador exponencial e intergeneracional.

11

La compasión y el perdón

Aplica la terapia basada en la compasión

La autocompasión es esa capacidad de tratarnos con amabilidad, preocuparnos por nuestro propio sufrimiento y sentir deseo de aliviarlo contrarrestando la autocrítica destructiva que alimenta la rumiación. Es una estrategia esencial que modifica/potencia diferentes estructuras y conexiones neuronales (prefrontal, cíngulo anterior y posterior, área motora suplementaria, ínsula, entre otras) relacionadas con la regulación emocional, los pensamientos autorreferenciales y la autocrítica. Además, es una herramienta valiosa en las personas que han sido víctimas de trauma psicológico, para que no hagan una inmersión profunda y continua en los recuerdos de la experiencia traumática o en las memorias autobiográficas, que perpetúa el dolor e impide sanar su mente.

Nota clave

La autocompasión no es solo un acto de bondad contigo mismo, es una forma de reconfigurar tu cerebro para que el sufrimiento no defina tu identidad. Por ejemplo, puedes fortalecer el prefrontal y regular tu autodiálogo compasivo («está bien, todos cometemos errores»); tu ínsula anterior, y facilitar la conciencia corporal al detectar emociones sin juzgarlas («tengo ansiedad, pero no soy la ansiedad»), y cíngulo posterior, vinculando la experiencia humana con la humanidad compartida («no estoy solo en esto»), reduciendo el aislamiento emocional.

¿Cómo hacerlo?

Practica hoy ser amable contigo y, cuando te sorprendas rumiando, dile a tu mente, «es frecuente tener pensamientos así, pero no tengo por qué quedarme estancado en ellos». Déjame explicarte cómo lo puedes aplicar en el día a día:

- **Piensas** «soy un fracasado» tras cometer un error, en lugar de seguir rumiando, puedes practicar la autocompasión recordando que todos cometemos errores y que eso no define tu valía. Repítete: «Es normal cometer errores; estoy aprendiendo y creciendo».
- **Si estás abrumado por pensamientos** sobre no estar a la altura, podrías pensar, «nadie es perfecto; estoy haciendo lo mejor que puedo, y eso es suficiente».

Puedes practicar meditación compasiva, centrada en tu bienestar y el de los demás. Frases clave como «que esté a salvo, que sea feliz, que viva en plenitud» te ayudarán a bajar la rumiación y encontrar paz.

Recordatorio amoroso

La autocrítica es un motor importante de la rumiación.

El perdón

La decisión consciente de soltar el resentimiento, sin justificar el daño recibido, tiene efectos profundos sobre tu cerebro, transformando la respuesta emocional al dolor, aumentando tu empatía, mejorando tu regulación emocional, reemplazando emociones negativas por positivas y liberándote del peso del pasado.

Nota clave

El perdón desactiva la respuesta de estrés crónico. El rencor mantiene tu amígdala exaltada (perpetuando tu estado de supervivencia), y perdonar logra reducir la actividad de esta estructura y potenciar otras partes de tu cerebro relacionadas con una mejor gestión emocional, permitiéndote vivir lejos del estado de hipervigilancia e hiperalerta que quizá has normalizado.

¿Cómo hacerlo?

- **Cierra los ojos** y piensa en esa persona/situación que te hacen daño.
- **Reflexiona cuánto te ha dolido** y ha afectado tu bienestar mental.
- **Puedes escribirle una carta** a esa persona (no la envíes) donde le expreses que estás dispuesto a perdonar desde lo más profundo de tu alma, y a soltar todo ese dolor para que ya no sea una piedra más que cargas en la cotidianidad.
- **Piensa ahora en los momentos** en los que tú también has cometido errores y en las veces en que esa persona quizá se portó bien contigo.
- **Toma la decisión consciente** de dejar ir el resentimiento, comprendiendo que el perdón es por tu bienestar.
- **Cierra los ojos y visualiza** que estás entregando tus sentimientos heridos a una luz brillante.
- **Ahora, visualiza las cadenas** rompiéndose y liberándote.
- **Abre los ojos,** date un abrazo y felicítate porque ahora tus intenciones están expresadas en acciones que te permiten sanar.
- **Recuerda que el perdón es un viaje,** y cada vez que pienses en esa persona o situación, elegirás recordar tu decisión de perdonar.

Recordatorio amoroso

Al perdonar...
Tu cerebro deja de alimentar narrativas
de victimización,
tu foco cambia de «justicia» a «paz»,
reduces la fijación en el dolor,
disminuyes la hostilidad interpersonal
y liberas a tu cerebro de ser un rehén del pasado.

El **perdón** no solo se **aplica** a los **demás,** sino también a **ti.**

12

El tiempo

El ejercicio de la «rumiación productiva»

Establecer un tiempo específico de rumiación donde te permites pensar en tus preocupaciones durante un momento limitado puede ayudarte a contener esos pensamientos, en lugar de dejar que se apoderen de tu mente. Esto te ayudará a sentir que tienes un espacio para pensar sin que interrumpa tu día.

¿Cómo hacerlo?

- **Reserva un tiempo específico** (15-30 minutos), en un lugar tranquilo donde puedas concentrarte.
- **Elige un pensamiento** o problema que hayas estado rumiando. Puede ser un desafío en tu trabajo, con tu pareja, una decisión que debes tomar, etcétera.
- **Toma una libreta y escribe** todo lo que piensas sobre el tema. Aquí no importan la gramática o la estructura, simplemente deja fluir tus pensamientos.

- **Evalúa creencias** que puedan estar alimentando tu rumiación.
- **Hazte preguntas** que fomenten una reflexión profunda y que ayuden a descomponer tus pensamientos: ¿qué evidencia tengo de que esta preocupación es cierta? ¿Cuál podría ser la peor consecuencia y cómo la puedo manejar? ¿Qué puedo aprender de esta experiencia?
- Ahora, busca soluciones o acciones que puedas tomar para abordar el problema.
- **Cierra el ejercicio** escribiendo una frase positiva sobre tu capacidad para manejar la situación.

Recordatorio amoroso

Atrévete a darle un tiempo a tu cerebro para que haga catarsis. Después de ese tiempo, comprométete a no pensar más en eso.

La regla de los 90 segundos

Muchas emociones intensas tienen una duración aproximada de 90 segundos si no les añadimos más pensamientos o interpretaciones. Este enfoque nos orienta a pensar que, si dejamos que las emociones fluyan sin tratar de controlarlas, podemos reducir su impacto, evitando que se conviertan en ciclos de pensamiento repetitivos.

¿Cómo hacerlo?

- **Cuando sientas** una emoción intensa (como ansiedad, tristeza o enfado), tómate un momento para identificarla, sin juzgarla.
  - Ejemplo: «estoy ansioso antes de una reunión importante».
- **En lugar de resistir** la emoción, permite que esté presente. No intentes cambiarla ni añadas pensamientos, simplemente observa cómo la sientes en el cuerpo.
  - Ejemplo: «reconozco que la ansiedad se siente como una presión en el pecho y un nudo en el estómago».
- **Mantén la atención** durante 90 segundos. Puede que necesites respirar de manera lenta y profunda y observar tus sensaciones físicas sin pensar en por qué sientes eso.
  - Ejemplo: «inhalo, exhalo y observo cómo cambia la sensación en mi cuerpo a lo largo de esos 90 segundos».
- **Después de ese tiempo,** observa si la emoción ha cambiado o se ha disminuido. Muchas veces, las emociones se desvanecen al pasar esos 90 segundos y lo que queda es más manejable.
  - Ejemplo: «me doy cuenta de que la presión en el pecho ha disminuido considerablemente y ahora estoy más centrado».

El «aquí y ahora»: técnica del enraizamiento

La mayoría de las prácticas que te he dado te ayudan a traer tu mente al momento presente. Con esta, de manera consciente, te vas a permitir llegar a tu «yo» del ahora.

¿Cómo hacerlo?

Cuando te encuentres rumiando, recuerda que el pasado no se puede cambiar y el futuro aún no ha llegado. Lleva tu atención a lo que estás haciendo en este momento, realiza una de las actividades de las que has aprendido a lo largo del libro y que te haya servido para bajar la rumiación o practica la técnica de enraizamiento, así:

- **Cierra los ojos** si te sientes cómodo.
- **Imagina que tienes raíces** que crecen desde tus pies hacia el centro de la Tierra.
- **Siente cómo se conectan** con lo más profundo del núcleo de nuestro planeta y haz respiraciones lentas y profundas mientras sientes esa conexión.
- **Fomenta la sensación** de estabilidad, presencia y conexión con la Pachamama. Siente su bondad, toda la luz que emana, y la tranquilidad que te brinda al anclarte a tu presente.
- **Acompaña la práctica** con respiración consciente.
- **Abre tus ojos** al cabo de 3-5 minutos.

Establece metas cortas

Define metas pequeñas (o microobjetivos) y alcanzables día a día para optimizar tu funcionamiento cerebral. La sensación de logros realizados puede ayudar a cambiar la manera en la que ves tu cotidianidad y tus capacidades, aumentar la sensación de control, y activar tu sistema de recompensa cerebral (potenciando la motivación), además de reducir la rumiación.

Nota clave
El cerebro recuerda tareas inconclusas hasta que se completan. Las metas cortas «cierran» esos bucles mentales, liberando espacio cognitivo y evitando la rumiación sobre «por dónde empiezo».

¿Cómo hacerlo?

- **Sé concreto** definiendo metas claras y concretas. Cuanto más específico seas, más fácil será focalizar en ellas.
- **Asegúrate** de que sean metas realistas y alcanzables en un corto periodo. Esto será clave para que obtengas el sentido de logro inmediato.
- **Establece un marco** de tiempo para cada meta (ejemplo: un día, una semana). Esto te ayudará a mantener el enfoque y la motivación.

- **Anota tus metas** y revisa regularmente tu progreso.
- **Celebra tus logros** y refuerza que estás alcanzando las metas que te propones.
- **Siente cómo baja la carga mental** demostrándole a tu cerebro todo lo que puedes lograr, sin dejar cabos sueltos a través de tus acciones.

13

Los filtros que instauras

Limita la cafeína y el azúcar

Tanto la cafeína como el azúcar pueden influir sobre tu estado emocional, ansiedad, sueño, aprendizaje, memoria y concentración a través de múltiples mecanismos, según la sustancia, que incluyen efectos estimulantes, proinflamatorios y modificadores del eje cerebro-intestino-microbiota. La clave quizá está en el consumo en equilibrio y en aprender a «leer» el efecto que tienen en tu cuerpo.

Nota clave

La corteza orbitofrontal (detrás de tus ojos) es esencial para regular/guiar la forma en la que te alimentas. Está relacionada con muchas condiciones como las adicciones, los trastornos de la conducta alimentaria, la obesidad y el trastorno obsesivo compulsivo.

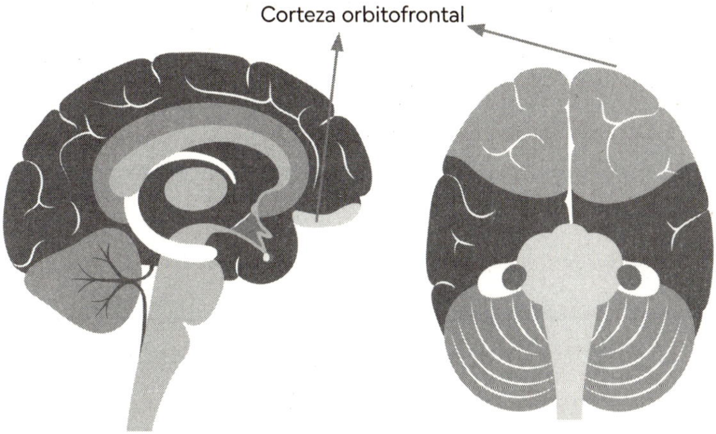

(visión lateral)

(visión inferior)

Recordatorio amoroso

No se trata de no consumir en el día a día este tipo de sustancias, sino de hacerlo en equilibrio, en cantidades reguladas y escuchando tu cuerpo.

¿Cómo hacerlo?

- **Modera** gradualmente el consumo de estas sustancias.
- **Una cantidad aceptable de cafeína,** según la ciencia, es de 100-400 mg al día (si bien puede variar de acuerdo con el tipo y la forma de preparación del café, podríamos decir que corresponde a 1-4 tazas, aproximadamente). Si quieres reemplazarlas, puedes emplear infusiones que te den calma, como las de manzanilla, lavanda o toronjil.

- **Puedes tomar café** descafeinado si con el café normal aumentan tus síntomas de ansiedad, te dan palpitaciones, temblor o tienes insomnio.
- **Limita el consumo de azúcares** simples (formas de carbohidratos simples tipo disacáridos o que tienen solo dos partes) como los dulces.
- **Al comprar alimentos,** revisa las etiquetas para identificar la cantidad de azúcar añadido. Puedes escoger versiones sin azúcar o con menos contenido.
- **Usa frutas frescas** para endulzar tus comidas.
- **Asegúrate de beber suficiente agua** durante el día. Puedes tomar alternativas refrescantes, al añadirle rodajas de limón, pepino o frutas.
- **Ten a mano** *snacks* saludables como nueces y frutas para satisfacer algunos antojos sin recurrir al azúcar.
- **Establece una hora límite del día** (por ejemplo, a partir de las 2 de la tarde) para evitar el consumo de cafeína. Esto puede ayudarte a dormir mejor y reducir tus niveles de ansiedad.

Limita la exposición a noticias

Filtrar lo que dejas entrar en tu mente es esencial para tu bienestar mental, entendiendo que la sobrecarga de información puede aumentar el estrés y el pensamiento repetitivo, polarizar tu mente a lo negativo, simplificar las narrativas a buenos versus malos, fatigar tus vías de compasión y empatía llevando a la indiferencia o impotencia («¿de qué sirve ayudar si todo está mal?»), alterar tu patrón de sueño y fortalecer, a través de neuroplasticidad negativa, redes neuronales asociadas con el miedo y la desesperación, debilitando las relacionadas con calma y creatividad.

Nota clave

Cada minuto de atención a noticias invasivas es un minuto menos para crear, conectar y descansar.

¿Cómo hacerlo?

- **Establece horarios** específicos para ver noticias: evita que sea lo primero que hagas al despertar o lo último al dormir, por su posible mayor impacto sobre tu ánimo, sueño e inconsciente.
- **Limita la duración a 15-30 minutos** (ojalá cada vez menos, hasta que prácticamente ya no lo priorices o lo necesites en el día a día).
- **Elige una o dos fuentes fiables** y objetivas de información.
- **Opta por medios que resuman** las noticias principales del día, en lugar de seguirlas en tiempo real.
- **Activa el modo «no molestar»** o desactiva las notificaciones relacionadas con las noticias. Recuerda que las notificaciones constantes pueden ser disparadores de la rumiación, además de interrumpir tus actividades y aumentar la preocupación.

- **Leer noticias** en vez de ver los videos directamente puede ayudarte, al generar una respuesta emocional menos intensa. Además, el formato escrito te permite controlar el ritmo y la cantidad de información que consumes.
- **Practica la «dieta de la información»:** reduce el consumo de noticias no necesarias o superficiales. Por ejemplo, escoge solo noticias locales o temas específicos y deja de consumir información sensacionalista. También puedes hacer una «desintoxicación» de noticias durante ciertos días, especialmente los fines de semana.
- **Al ver noticias,** pregúntate: ¿esta noticia me empodera o solo me asusta? Aprende gradualmente a filtrar el contenido que dejas pasar a tu cerebro.
- **Profundiza en temas** relevantes para tu vida, en lugar de sobreexponerte a lo superfluo (calidad > cantidad).

Recordatorio amoroso

Procura equilibrar la necesidad de estar informado con el cuidado de tu salud mental.

Limita el tiempo que gastas en redes sociales

Las redes sociales no son inherentemente malas, pero su diseño explota vulnerabilidades mentales, incluidos mecanismos evolutivos relacionados con tu atención y tu sentido de recompensa, además de fomentar comparaciones, pensamientos repetitivos, y sobrecargar tu mente.

Nota clave

Limitar el uso de redes sociales es un acto de higiene mental.

¿Cómo hacerlo?

- **Establece un tiempo máximo** diario en redes sociales (por ejemplo, 30-60 minutos al día), según tus necesidades y la importancia de las plataformas en tu vida.
- **Muchas aplicaciones** tienen opciones de control del tiempo o de momentos de silencio para desactivar las notificaciones. Empléalas para que te muestren cuándo alcanzas tu límite diario.
- **Existen herramientas** de control del tiempo como Freedom, Forest y StayFocused, que te bloquean el acceso a redes sociales durante periodos determinados. Lo anterior te ayuda a evitar el hábito de abrir redes sociales por inercia, especialmente en momentos de ansiedad o aburrimiento.
- **En lugar de revisar** las redes sociales con frecuencia, establece uno o dos momentos específicos del día para hacerlo. Por ejemplo, después del almuerzo y antes de cenar.
- **Evita revisarlas** justo al despertarte o antes de dormir, pues son momentos en los que tu mente es más vulnerable a la rumiación.

- **Haz una «limpieza»** de contactos y cuentas seguidas: deja de seguir o silencia cuentas que no te aporten valor positivo, especialmente aquellas que te generen comparación o pensamientos negativos. En su lugar, sigue cuentas que te inspiren, que te enseñen y promuevan tu bienestar mental.
- **Crea recordatorios** que fomenten la autorreflexión: coloca una nota en tu habitación o en tu pantalla de inicio que te recuerde objetivos de bienestar o que te cuestione a qué vas a dedicar tu tiempo...
  - ¿Necesito ver esto ahora?
  - Recuerda tu tiempo de desconexión.
- **Haz un *detox*** de redes sociales prolongado: puedes empezar con designar un día de la semana (por ejemplo, «los domingos me alejaré de redes sociales»), e ir aumentando el tiempo gradualmente. Este descanso fomenta tu bienestar mental, te permite cultivar hábitos positivos y conectar contigo y con el mundo tangible, sin la influencia de las redes.

14

Tu entorno

Cambia la ilumiación de tu entorno

La iluminación tiene un impacto profundo en el cerebro, modulando los ritmos circadianos, la regulación emocional, el estado de alerta, el sueño y la rumiación. Piensa en la luz como un «interruptor bioquímico» que influye en tus redes neuronales, neurotransmisores y hormonas claves.

¿Cómo hacerlo?

- **Usa luz natural** tanto como sea posible, intentando trabajar o hacer actividades del día a día en un lugar iluminado por los rayos del sol. Por ejemplo, puedes colocar tu escritorio cerca de la ventana, pasar más tiempo al aire libre o tomarte tu café de la mañana recibiendo el beneficio que te brinda la naturaleza. La exposición a la luz natural ayuda a regular tu ritmo circadiano (reloj biológico interno), a liberar melatonina y neurotransmisores que te permiten estar más presente, más calmado y dormir mejor. Aquí va un dato clave en relación con la duración necesaria de dicha exposición para potenciar tu cerebro desde la neurociencia: 15 minutos, si el día está ☀, o 30 minutos, si está ☁ o con ⚡, antes de las 10 de la mañana o después de las 3 de la tarde.

- **Reduce el uso de luces** artificiales brillantes por la noche. Puedes cambiar las bombillas frías por cálidas, amarillas o de luz tenue y emplear filtros de luz azul, que te recomendé en el apartado de reducción de uso de pantallas.
- **Puedes conseguir** una lámpara con intensidad regulable que te permita ajustar la iluminación según el momento del día en el que estés.
- **Crea un rincón** o área especial en casa donde puedas relajarte. Usa luz cálida y suave allí, coloca una lámpara pequeña o una luz de lectura, una planta y/o un buen libro que te relaje. Tendrás este espacio seguro disponible cada vez que la rumiación se intensifique.

Nota clave

La luz natural no es solo para ver: es un nutriente cerebral que reprograma tu reloj biológico, tus emociones y la calidad de tus pensamientos.

Cuida el orden de tu espacio personal y crea un espacio relajante en casa

Organizar y cuidar el espacio donde trabajas y donde habitas potencia tu bienestar. Eso implica que un entorno ordenado puede ayudar a bajar la rumiación del pensamiento y que, por el contrario, un ambiente desordenado actúa como un distractor visual, obligando al cerebro a procesar estímulos irrelevantes, aumentando la fatiga mental y disminuyendo la concentración. Cuando liberas a tu cerebro, le estás brindando recursos cognitivos para que redirija la energía a gestionar tus pensamientos, en vez de lidiar con el caos externo.

¿Cómo hacerlo?

- **Deshazte del desorden visual:** un espacio lleno de objetos innecesarios puede aumentar la sensación de confusión mental. Comienza eliminando objetos que no necesitas o que interrumpan de alguna manera la organización de tu espacio.
- **Dedica tiempo cada semana para ordenar** o desechar/regalar cosas que ocupen tu espacio sin agregarte valor.
- **Designa un lugar para cada cosa:** esto incluye los objetos grandes, como tus muebles, y en especial los pequeños, como llaves, papeles y cargadores.
- **Haz una limpieza rápida** al final de cada día de tu lugar de trabajo o estudio para que todo esté listo para el día siguiente: un escritorio despejado te ayuda a empezar

el día con una mente más liviana y sin distracciones visuales.

- **Divide las áreas de tu espacio** para que cada una esté dedicada a una actividad específica (por ejemplo, para trabajo, estudio, descanso y ocio). Con esto, lograrás asociar cada espacio con un propósito. En particular, te cuento que tener un área dedicada al descanso te ayuda a entrenar el cerebro a desconectarse cuando te encuentras allí (creando entonces un lugar seguro anti-rumiación).
- **Regla de 2 minutos:** si algo te lleva menos de 2 minutos, como organizar papeles o guardar un objeto en su lugar, hazlo inmediatamente. Evita la acumulación de pendientes en tu entorno mediante la organización. Puede que un espacio minimalista con pocos objetos y colores neutros te ayude a reducir estímulos visuales que alimentan tu rumiación.
- **Mientras organizas,** intenta centrarte en la actividad y disfrutar el proceso, en lugar de focalizar en el resultado.
- **Usa colores suaves y cálidos** para crear atmósferas más tranquilas en tu hogar.
- **Incorpora plantas y elementos naturales** como madera, piedra y decoraciones con fibras naturales que promuevan la sensación de tranquilidad, relajación y conexión con la Pachamama.
- **Algunos aromas relajantes como la lavanda,** que te mencioné previamente, pueden potenciar tu espacio personal.

Recordatorios amorosos

- **La organización** consciente es una técnica de *mindfulness* que ayuda a calmar tu mente.
- **Menos objetos** a la vista disminuyen tu sobrecarga mental.

Nota clave
El orden externo actúa como andamio para el orden interno.

Inicia una rutina de *decluttering* (o despejar tu espacio)

Como técnica complementaria a la anterior, te propongo eliminar objetos innecesarios en tu entorno inmediato (por ejemplo, en tu habitación o en tu lugar de trabajo) con el fin de bajar la sobrecarga cognitiva y promover un ambiente más tranquilo y organizado.

¿Cómo hacerlo?

Déjame proponerte una rutina de solo cinco días para que cumplas el objetivo.

Día 1: prepara tu mente

- **Escoge un día** y una hora específicos en tu agenda para comenzar. Asegúrate de que en ese momento realmente puedas concentrarte.
- **Reflexiona** sobre por qué deseas hacer ese *decluttering*. Puedes anotar en un cuaderno o en tu teléfono móvil tus motivos y cómo esperas que esto impacte tu bienestar.

Día 2: tu espacio personal primero

- **Comienza con tu dormitorio.** Saca todo lo que no uses (ropa, objetos decorativos, etcétera).
- **Ten en cuenta los tres verbos** pilares de este paso:
  - Mantener: lo que realmente usas y amas.
  - Donar: lo que está en buen estado y ya no usas o necesitas.
  - Desechar: lo que está en mal estado.
- **Minimiza el desorden:** preserva solo los objetos que te aporten alegría, calma o utilidad.

Día 3: ahora es el turno de tu área de trabajo

- **Limpia tu escritorio,** elimina papeles innecesarios.
- **Área digital:** dedica 30 minutos a «limpiar» tu correo electrónico y carpetas digitales.

Día 4: momento para tus espacios comunes y exteriores

- **Haz un recorrido** por los espacios de tu casa, incluyendo, por ejemplo, decoraciones que no necesites o no te gusten y utensilios en mal estado, entre otros.
- **Almacena lo que necesites** en contenedores claros y, si lo deseas, etiquetados.
- **Colócalo todo en su lugar** y asegúrate de dejar las superficies despejadas y organizadas.

Día 5: espacio de reflexión y agradecimiento

- **Piensa en lo que has logrado** y en cómo te sientes con menos desorden y más organización.
- **¿Este ejercicio te ha aportado claridad mental?** ¿Cada cuánto te vas a proponer hacerlo? ¿Es momento de colocar un recordatorio en tu agenda?

Recordatorio amoroso

Piensa en esta frase cuando estés organizando: **«Menos es más para mi mente».**

Explora nuevos espacios

Si te sientes atrapado en tus pensamientos, cambia de lugar, muéstrale nuevos escenarios a tu mente, ¡revitalízala!

¿Cómo hacerlo?

- **Visita un café nuevo** o una biblioteca.
- **Da un paseo** por el parque, el bosque o la playa.
- **Practica ejercicios** de respiración en un entorno natural.
- **Participa en algún taller** o actividad con otras personas.
- **Haz una escapada** de fin de semana.
- **Practica tu deporte** favorito al aire libre.
- **Si puedes,** ajusta tus horarios para cambiar tu rutina diaria y hacer tus actividades en momentos distintos del día... ¡rompe la monotonía!
- **Prueba nuevas actividades** como un *hobby* o un curso.
- **Cuando estés en ese nuevo entorno,** dedica 10 minutos para pensar en cómo te sientes y qué le aporta a tu mente calma.

Recordatorio amoroso

Cambiar de entorno puede ser una estrategia efectiva para reducir tu rumiación del pensamiento.

Evita ambientes que fomenten tu rumiación

La meta es identificar y evitar ciertas personas, ambientes y situaciones que fomentan tu sobrepensar.

¿Cómo hacerlo?

- **Identifica** los ambientes que te estresan.
  - Reconoce tus disparadores: haz una lista de personas/ambientes/situaciones con los que tiendes a rumiar. Si algo te genera ansiedad y/o te sientes abrumado, plantéate evitarlo.
- **Limita** el tiempo en ambientes negativos
  - Controla el tiempo: si debes estar en ese lugar/situación o con esa persona que te provoca rumiación, establece límites temporales que protejan tu mente.
  - Crea planes de salida: si te sientes abrumado, ten un plan para salir rápidamente de ahí. Puede ser tan simple como un paseo corto que calme tu mente.
- **Evita** la soledad prolongada.
  - Recuerda: para muchas personas, los momentos de silencio pueden ser francamente abrumadores al magnificar la rumiación o ruido mental.
  - Te propongo, en ese caso, socializar más: la interacción social te puede ayudar a reducir la rumiación al distraerte de tus propios pensamientos (cambio de foco), reducir la sensación de aislamiento y soledad, y ofrecerte una perspectiva diferente, externa y complementaria frente a los problemas que tienes.

  - Establece rutinas para tu mente: piensa en participar en clases o actividades grupales para conectar con otros y «salir» de tu mente.
- **Transforma** tus espacios o situaciones negativos.
  - Reorganiza tu entorno, sobre el que tienes control: si hay lugares en tu casa que te provocan rumiación o te recuerdan ciertas situaciones, considera reconfigurarlos o decorarlos de otra manera que te haga sentir más tranquilo (recuerda el apartado de *decluttering*).
  - Realiza cambios graduales: si te sientes incómodo cambiando por completo tu entorno, haz pequeños ajustes. Cada pequeño cambio te ayuda a mejorar tu bienestar general.

15

La socialización y el contacto con tus círculos de apoyo

Conecta con otras personas

Hablar con personas de confianza como amigos y familiares sobre tus pensamientos y sentimientos puede proporcionar nuevas perspectivas y apoyo, ayudándote a bajar la carga emocional y reducir la rumiación modulando redes cerebrales vinculadas con el estrés, la autoconciencia excesiva y la regulación emocional.

¿Cómo hacerlo?

- **Pasa tiempo** con personas que te hagan sentir bien y distraigan tu mente.
- **Fortalece** la conexión emocional compartiendo tus pensamientos y sentimientos con ellas. Muestra ese lado

vulnerable y conecta desde la esencia con los otros. Comparte tus luchas y preocupaciones. A menudo, **las personas sentimos alivio al entender que todos transitamos caminos repletos de retos donde la lucha y el esfuerzo forman parte de la ecuación diaria que nos une (el verdadero y sanador concepto de humanidad compartida).**

- **Busca grupos de apoyo** o actividades grupales donde compartas intereses similares y encuentres apoyo emocional. Pueden ser un club de lectura, grupos de meditación, clases de yoga, arte, cocina o deportes, talleres de crecimiento personal, festivales, foros o comunidades en línea donde puedas compartir experiencias y recibir apoyo, por darte algunos ejemplos.
- **Ofrece tu tiempo** y participa en un voluntariado: ayudar a otros te brinda un sentido de propósito que te puede alejar de tus propios pensamientos, además de ser francamente gratificante.
- **Establece horarios** de conexión: ¿y si programas llamadas o reuniones regulares con ciertos amigos y/o familiares?
- **Explora nuevas amistades** y crea lazos diferentes que amplíen tus horizontes.

Practica la escucha activa

Esta es una habilidad fundamental para ayudarte a reducir la rumiación del pensamiento, ya que te permite centrarte en el momento presente, conectar con otros, reducir el estrés y desconectarte de tus propios pensamientos. La escucha activa es un ejercicio de monotarea mental y exige recursos cognitivos que, de otro modo, se dedicarían a rumiar.

Nota clave

Escuchar con atención plena es un antídoto neuroquímico contra la rumiación. No se trata solo de entender al otro, sino de reentrenar a tu cerebro a habitar el presente y silenciar el ruido interno.

¿Cómo hacerlo?

- **Esta semana,** escoge un momento en el que escuches a una persona sin interrumpirla, prestándole atención de la manera más genuina posible. Estás ahí, conectando con los que te rodean y alejándote de la exclusividad de tu mundo interno.
- **Recuerda** mantener el contacto visual.
- **Usa gestos** de afirmación para mostrar que estás escuchando y comprendiendo lo que dice la otra persona.
- **Evita cruzar los brazos** o mostrar desinterés. Recuerda que una postura abierta facilita una conexión más profunda.
- **Repite lo que escuchaste:** al parafrasear lo que la otra persona dice, demuestra que estás prestando atención y te ayuda a consolidar la información que estás recibiendo del otro al abrirte su alma.

- **Haz preguntas relevantes:** te ayuda a mantenerte atento en la conversación, en lugar de dejar que tu mente divague.
- **Valida las emociones** del otro y crea un ambiente de apoyo que os beneficie a ambos.
- **Si notas** en algún momento que tu mente comienza a divagar hacia tus propios pensamientos, reconócelo sin juzgarte y vuelve a centrar tu atención en la persona que estás escuchando.
- **Recuerda limitar** las distracciones y encuentra un lugar tranquilo y cómodo para mantener conversaciones significativas y gratificantes. Apaga los dispositivos electrónicos o ponlos en modo silencio.
- **Al finalizar** la conversación:
  - Resume los puntos clave: esto refuerza tu comprensión y también mantiene tu mente activa y centrada en la interacción.
  - Reflexiona sobre todo lo que aprendiste y cómo te sentiste.

Busca apoyo profesional

Para mí, esta es quizá una de las estrategias más importantes que quiero que aprendas y apliques como parte de este kit de primeros auxilios para tu mente. **Si sientes que ya lo has intentado todo y no puedes bajar la carga que representa la rumiación en tu día a día, si es intensa y persistente, busca ayuda profesional.** Sin duda es un paso crucial en tu camino hacia el bienestar emocional.

Los campos de la salud que te pueden dar soporte son la psicología, la psiquiatría y la neurología. También, grupos de terapia donde conectes con personas que afrontan desafíos similares, *coaches* de vida y otros consejeros. Atrévete a levantar la mano; ya verás la magia que se gesta de este acto valiente, sencillo, sanador y poderoso.

Los profesionales de la salud mental pueden ofrecerte una perspectiva objetiva de tus pensamientos y emociones. A menudo, cuando estamos atrapados en un ciclo de rumiación, puede ser difícil ver la situación desde un ángulo diferente. Un terapeuta puede ayudarte a identificar patrones de pensamiento que contribuyen a la rumiación, comprender sus raíces y ofrecerte estrategias adicionales para abordarlas y sanarlas.

También pueden sugerirte técnicas y enfoques terapéuticos que están respaldados por investigación científica —como la terapia cognitivo conductual para reducir la rumiación, retar y modificar tus patrones de pensamiento y comportamiento—, apoyarte emocionalmente en un espacio seguro y confidencial para expresar tus sentimientos, ayudarte a crear hábitos que favorezcan tu salud mental, enseñarte a desviar tu atención de ese estado interno que te abruma hacia estímulos externos con mayor facilidad y sugerirte algunos medicamentos como los psicofármacos, adaptógenos, sinbióticos (probióticos y prebióticos) y nutracéuticos que te pueden ayudar a mejorar ciertas raíces de la rumiación, como los trastornos del ánimo.

Recuerda ser honesto y sincero durante tus sesiones. Cuanto más dispuesto y abierto estés, más útil será el proceso terapéutico. En la consulta les digo a mis pacientes que necesito que me hablen sin filtros para acceder a todas las piezas del rompecabezas de la mente que vamos a construir en conjunto.

Procura establecer metas claras y alcanzables con tu terapeuta en relación con tu tratamiento. Esto te dará un sentido de dirección y un marco para medir el alcance de tu proceso. Y sé paciente. Este es **un consejo esencial desde el amor: la reducción de la rumiación y la mejoría de tu salud mental son un proceso que frecuentemente implica tiempo, paciencia, frustración, esfuerzo y consistencia. Y lo más importante: no es lineal. Sé paciente contigo y con la dinámica de tu proceso.**

Recordatorios amorosos

- **Los terapeutas** estamos ahí para apoyarte, no para juzgarte.
- **Si bien la terapia no es una solución** rápida en la mayoría de los casos, sí genera resultados duraderos porque se entiende, se reforma y se concibe una nueva estructura de tu vida, revaluando cómo la has vivido hasta este momento, encontrando qué raíces debes modificar y creando una nueva manera de vivir desde el perdón, la compasión y la sanación, donde los silencios dejan de ser incómodos y te reencuentras con tu «yo» más sabio, con sus luces y sombras.

Nota clave

El alivio de la mente es un proceso gradual y no lineal. No temas dar todos los pasos que sean necesarios para ayudar a tu bienestar, ¡claramente vale la pena!

Unas palabras de cierre

Te agradezco haber llegado hasta este punto. Por leerme, por darte la oportunidad de entender las diferentes técnicas que comparto y comprender que sí es posible estar mejor día a día. Espero, desde el fondo de mi alma, aportarle alivio a tu mente con lo que te enseño en estas páginas, que también son tuyas.

Ahora tienes la tarea más importante, donde solo tú eres el protagonista: llevar a la práctica todo esto que aprendiste. Encuentra las raíces de tu rumiación, genera cambios graduales, escala pequeños peldaños, cierra ciclos, rompe uno a uno los bucles y vence el sesgo de negatividad asumiendo los retos con la cabeza en alto, ¡sí que puedes!

¡Seguiremos aprendiendo de otros tantos temas!

Recibe un abrazo desde la distancia y cierro con unas palabras que siento cercanas desde siempre: no hay nada más preciado para una docente que ser escuchada y leída con atención.

Gracias, siempre,

Doc Vane

Agradecimientos especiales

A Nata Jerez, gracias por ver y responder el mensaje que escribí en redes sociales ese 21 de noviembre de 2024, que lancé al aire y que el universo redirigió para que ella lo encontrara. Estas palabras permitieron tejer una amistad que ha trascendido la edición de nuestro libro.

A Mariano Sigman, por su apoyo incondicional e inspiración. Forma parte de los cimientos de este libro y de la magia que permitió que ahora vea la luz.

Gracias, Penguin Random House, por creer desde el momento cero en este proyecto.

Lecturas complementarias

Si deseas revisar este tema con mayor profundidad, te dejo aquí los artículos científicos que exploré para realizar este libro de la manera más completa y actualizada, y, por supuesto, basada en datos científicos. ¡Espero que te sirvan!

Alloy LB, Abramson LY, Whitehouse WG, Hogan ME, Tashman NA, Steinberg DL, Rose DT, Donovan P. «Depressogenic Cognitive Styles: Predictive Validity, Information Processing and Personality Characteristics, and Developmental Origins». *Behav Res Ther*. 1999 Jun; 37 (6): 503-31. doi: 10.1016/s0005-7967(98)00157-0. PMID: 10372466.

Arc-Chagnaud C, Dupuy O, Garcia M, Bosquet L, Bouzigon R, Pla R; D-Day Consortium; Dugué B. «Effects of Repeated Cryostimulation Exposures on Sleep and Wellness in Healthy Young Adults». *Cryobiology*. 2024 Dec; 117: 104948. doi: 10.1016/j.cryobiol.2024.104948. Epub 2024 Aug 30. PMID: 39098451.

Balban MY, Neri E, Kogon MM, Weed L, Nouriani B, Jo B, Holl G, Zeitzer JM, Spiegel D, Huberman AD. «Brief Structured Respiration Practices Enhance Mood and Reduce Physiological Arousal». *Cell Rep Med*. 2023 Jan 17; 4 (1): 100895. doi: 10.1016/j.xcrm.2022.100895. Epub 2023 Jan 10. PMID: 36630953; PMCID: PMC9873947.

Baranwal N, Yu PK, Siegel NS. «Sleep Physiology, Pathophysiology, and Sleep Hygiene». *Prog Cardiovasc Dis*. 2023 Mar-Apr; 77: 59-69. doi: 10.1016/j.pcad.2023.02.005. Epub 2023 Feb 24. PMID: 36841492.

Berger JI, Kawasaki H, Banks MI, Kumar S, Howard MA, Nourski KV. «Human Insula Neurons Respond to Simple Sounds During Passive Listening». *bioRxiv* [Preprint]. 2025 Mar 13: 2025.03.12.642819. doi: 10.1101/2025.03.12.642819. PMID: 40161669; PMCID: PMC11952464.

Berry JW, Worthington EL Jr, O'Connor LE, Parrott L 3rd, Wade NG. «Forgivingness, Vengeful Rumination, and Affective Traits». *J Pers*. 2005 Feb; 73 (1): 183-225. doi: 10.1111/j.1467-6494.2004.00308.x. PMID: 15660677.

Bratman GN, Hamilton JP, Hahn KS, Daily GC, Gross JJ. «Nature Experience Reduces Rumination and Subgenual Prefrontal Cortex Activation». *Proc Natl Acad Sci U S A*. 2015 Jul 14; 112 (28): 8567-72. doi: 10.1073/pnas.1510459112. Epub 2015 Jun 29. PMID: 26124129; PMCID: PMC4507237.

Brosschot JF, Gerin W, Thayer JF. «The Perseverative Cognition Hypothesis: A Review of Worry, Prolonged Stress-Related Physiological Activation, and Health». *J Psychosom Res*. 2006 Feb; 60 (2): 113-24. doi: 10.1016/j.jpsychores.2005.06.074. PMID: 16439263.

Bruning AL, Mallya MM, Lewis-Peacock JA. «Rumination Burdens the Updating of Working Memory». *Atten Percept Psychophys*. 2023 Jul; 85 (5): 1452-1460. doi: 10.3758/s13414-022-02649-2. Epub 2023 Jan 18. PMID: 36653522; PMCID: PMC11122689.

Cox SJ, Mezulis AH, Hyde JS. «The Influence of Child Gender Role and Maternal Feedback to Child Stress on the Emergence of the Gender Difference in Depressive Rumination in Adolescence». *Dev Psychol*. 2010 Jul; 46 (4): 842-52. doi: 10.1037/a0019813. PMID: 20604606.

Cunha-Cabral D, Silva SM, Alves H, Vaz RP, Pereira PA, Andrade JP. «Neurosurgical Anatomy of the Insular Cortex». *Clin Neurol Neurosurg*. 2019 Nov; 186: 105530. doi: 10.1016/j.clineuro.2019.105530. Epub 2019 Sep 23. PMID: 31586854.

Ding K, Liu J. «Comparing Gratitude and Pride: Evidence from Brain and Behavior». *Cogn Affect Behav Neurosci*. 2022 Dec; 22 (6): 1199-1214. doi: 10.3758/s13415-022-01006-y. Epub 2022 Apr 18. PMID: 35437682.

Fresco, DM, Frankel, AN, Mennin, DS *et al.* «Distinct and Overlapping Features of Rumination and Worry: The Relationship of Cognitive Production to Negative Affective States». *Cognitive Therapy and Research*, 2002; 26: 179-188. doi: 10.1023/A:1014517718949.

Ganor T, Mor N, Huppert JD. «Effects of Rumination and Distraction on Inhibition». *J Behav Ther Exp Psychiatry*. 2023 Mar; 78: 101780. doi: 10.1016/j.jbtep.2022.101780. Epub 2022 Sep 28. PMID: 36206674.

Gao W, Biswal B, Yang J, Li S, Wang Y, Chen S, Yuan J. «Temporal Dynamic Patterns of the Ventromedial Prefrontal

Cortex Underlie the Association between Rumination and Depression». *Cereb Cortex*. 2023 Feb 7; 33 (4): 969-982. doi: 10.1093/cercor/bhac115. PMID: 35462398.

Gibb BE, Grassia M, Stone LB, Uhrlass DJ, McGeary JE. «Brooding Rumination and Risk for Depressive Disorders in Children of Depressed Mothers». *J Abnorm Child Psychol*. 2012 Feb; 40 (2): 317-26. doi: 10.1007/s10802-011-9554-y. PMID: 21826445; PMCID: PMC3253178.

Graham BM, Denson TF, Barnett J, Calderwood C, Grisham JR. «Sex Hormones Are Associated with Rumination and Interact with Emotion Regulation Strategy Choice to Predict Negative Affect in Women Following a Sad Mood Induction». *Front Psychol*. 2018 Jun 11; 9: 937. doi: 10.3389/fpsyg.2018.00937. PMID: 29951019; PMCID: PMC6008526.

Grange JA. «Rumination and Inhibition in Task Switching: No Evidence for an Association». *Cogn Emot*. 2023 Feb; 37 (1): 162-181. doi: 10.108ge0/02699931.2023.2176289. Epub 2023 Feb 13. PMID: 36779814.

Guan F, Liu G, Pedersen WS, Chen O, Zhao S, Sui J, Peng K. «Neurostructural Correlates of Dispositional Self-Compassion». *Neuropsychologia*. 2021 Sep 17; 160: 107978. doi: 10.1016/j.neuropsychologia.2021.107978. Epub 2021 Jul 30. PMID: 34339716.

Hankin, BL. «Childhood Maltreatment and Psychopathology: Prospective Tests of Attachment, Cognitive Vulnerability, and Stress as Mediating Processes». *Cognitive Therapy and Research*, 2005; 29 (6), 645-671. doi: 10.1007/s10608-005-9631-z.

Heilman KM. «Possible Brain Mechanisms of Creativity». *Arch Clin Neuropsychol.* 2016 Jun; 31 (4): 285-96. doi: 10.1093/arclin/acw009. Epub 2016 Mar 21. PMID: 27001974.

Hermesch AC, Kernberg AS, Layoun VR, Caughey AB. «Oxytocin: Physiology, Pharmacology, and Clinical Application for Labor Management». *Am J Obstet Gynecol.* 2024 Mar; 230 (3S): S729-S739. doi: 10.1016/j.ajog.2023.06.041. Epub 2023 Jul 16. PMID: 37460365.

Hika B, Al Khalili Y. «Neuronatomy, Prefrontal Association Cortex». 2023 Jul 30. En: *StatPearls* [Internet]. Treasure Island (FL): StatPearls Publishing, 2024 Jan. PMID: 31424798.

Hilt LM, Armstrong JM, Essex MJ. «Early Family Context and Development of Adolescent Ruminative Style: Moderation by Temperament». *Cogn Emot.* 2012; 26 (5): 916-26. doi: 10.1080/02699931.2011.621932. Epub 2011 Nov 14. PMID: 22077906; PMCID: PMC3292851.

Hitchcock P, Forman E, Rothstein N, Zhang F, Kounios J, Niv Y, Sims C. «Rumination Derails Reinforcement Learning with Possible Implications for Ineffective Behavior». *Clin Psychol Sci.* 2022 Jul; 10 (4): 714-733. doi: 10.1177/21677026211051324. Epub 2021 Nov 1. PMID: 35935262; PMCID: PMC9354806.

Kérébel A, Caille JA, Sackur J. «Dynamics of Spontaneous Thoughts: Exploration, Attentional Profile and the Segmentation of the Stream of Thoughts». *Conscious Cogn.* 2024 Sep; 124: 103735. doi: 10.1016/j.concog.2024.103735. Epub 2024 Aug 22. PMID: 39173572.

Kim J, Andrews-Hanna JR, Eisenbarth H, Lux BK, Kim HJ, Lee E, Lindquist MA, Losin EAR, Wager TD, Woo CW. «A Dorsomedial Prefrontal Cortex-Based Dynamic Functional Connectivity Model of Rumination». *Nat Commun.* 2023 Jun 15; 14 (1): 3540. doi: 10.1038/s41467-023-39142-9. PMID: 37321986; PMCID: PMC10272121.

Kircanski K, Thompson RJ, Sorenson J, Sherdell L, Gotlib IH. «Rumination and Worry in Daily Life: Examining the Naturalistic Validity of Theoretical Constructs». *Clin Psychol Sci.* 2015 Nov 1; 3 (6): 926-939. doi: 10.1177/2167702614566603. Epub 2015 Apr 2. PMID: 26783506; PMCID: PMC4714789.

Krittanawong C, Maitra NS, Qadeer YK, Wang Z, Fogg S, Storch EA, Celano CM, Huffman JC, Jha M, Charney DS, Lavie CJ. «Association of Depression and Cardiovascular Disease». *Am J Med.* 2023 Sep; 136 (9): 881-895. doi: 10.1016/j.amjmed.2023.04.036. Epub 2023 May 27. PMID: 37247751.

Lask LS, Moyal N, Henik A. «Rumination, Emotional Intensity and Emotional Clarity». *Conscious Cogn.* 2021 Nov; 96: 103242. doi: 10.1016/j.concog.2021.103242. Epub 2021 Nov 19. PMID: 34808490.

Li H, Wang W, Li J, Qiu J, Wu Y. «Spontaneous Brain Activity Associated with Individual Differences in Decisional and Emotional Forgiveness». *Brain Imaging Behav.* 2024 Jun; 18 (3): 588-597. doi: 10.1007/s11682-024-00856-z. Epub 2024 Feb 7. PMID: 38324082.

Li Y, Cheng X, Wanqiu N, Luo J, Li X. «Gratitude Enhances Widespread Dynamic Cooperation and Inter-brain Synchronization in Females». *Soc Cogn Affect Neurosci.* 2025 Mar 17: nsaf023. doi: 10.1093/scan/nsaf023. Epub ahead of print. PMID: 40094987.

Liu G, Santana-Gonzalez C, Zeffiro TA, Zhang N, Engstrom M, Quevedo K. «Self-Compassion and Neural Activity During Self-Appraisals in Depressed and Healthy Adolescents». *J Affect Disord.* 2023 Oct 15; 339: 717-724. doi: 10.1016/j.jad.2023.07.012. Epub 2023 Jul 10. PMID: 37437742.

Makovac E, Fagioli S, Rae CL, Critchley HD, Ottaviani C. «Can't Get It Off My Brain: Meta-Analysis of Neuroimaging Studies on Perseverative Cognition». *Psychiatry Res Neuroimaging.* 2020 Jan 30; 295: 111020. doi: 10.1016/j.pscychresns.2019.111020. Epub 2019 Nov 21. PMID: 31790922.

Mandell D, Siegle GJ, Shutt L, Feldmiller J, Thase ME. «Neural Substrates of Trait Ruminations in Depression». *J Abnorm Psychol.* 2014 Feb; 123 (1): 35-48. doi: 10.1037/a0035834. PMID: 24661157; PMCID: PMC4128503.

Manfredi C, Caselli G, Rovetto F, Rebecchi D, Ruggiero GM, Sassaroli S, Spada MM, «Temperament and Parental Styles as Predictors of Ruminative Brooding and Worry». *Personality and Individual Differences*, 50 (2), 186-191. doi: 10.1016/j.paid.2010.09.023.

McCormick C, Rosenthal CR, Miller TD, Maguire EA. «Mind-Wandering in People with Hippocampal Damage». *J Neurosci.* 2018 Mar 14; 38 (11): 2745-2754. doi: 10.1523/JNEUROSCI.1812-17.2018. Epub 2018 Feb 12. PMID: 29440532; PMCID: PMC5851780.

McEvoy PM, Mahoney AE, Moulds ML. «Are Worry, Rumination, and Post-Event Processing one and the Same? Development of the Repetitive Thinking Questionnaire». *J Anxiety Disord.* 2010 Jun; 24 (5): 509-19. doi: 10.1016/j.janxdis.2010.03.008. Epub 2010 Mar 27. PMID: 20409676.

McLaughlin KA, Hatzenbuehler ML. «Stressful Life Events, Anxiety Sensitivity, and Internalizing Symptoms in Adolescents». *J Abnorm Psychol.* 2009 Aug; 118 (3): 659-69. doi: 10.1037/a0016499. PMID: 19685962; PMCID: PMC2881589.

Meisner OC, Nair A, Chang SWC. «Amygdala Connectivity and Implications for Social Cognition and Disorders». *Handb Clin Neurol.* 2022; 187: 381-403. doi: 10.1016/B978-0-12-823493-8.00017-1. PMID: 35964984; PMCID: PMC9436700.

Mendez Colmenares A, Voss MW, Fanning J, Salerno EA, Gothe NP, Thomas ML, McAuley E, Kramer AF, Burzynska AZ. «White Matter Plasticity in Healthy Older Adults: The Effects of Aerobic Exercise». *Neuroimage.* 2021 Oct 1; 239: 118305. doi: 10.1016/j.neuroimage.2021.118305. Epub 2021 Jun 24. PMID: 34174392.

Menken MS, Rodriguez Rivera PJ, Isaiah A, Ernst T, Cloak CC, Chang L. «Longitudinal Alterations in Brain Morphometry mediated the Effects of Bullying Victimization on Cognitive Development in Preadolescents». *Dev Cogn Neurosci.* 2023 Jun; 61: 101247. doi: 10.1016/j.dcn.2023.101247. Epub 2023 Apr 25. PMID: 37119589; PMCID: PMC10163612.

Menon V. «20 Years of the Default Mode Network: A Review and Synthesis». *Neuron.* 2023 Aug 16; 111 (16): 2469-2487. doi: 10.1016/j.neuron.2023.04.023. Epub 2023 May 10. PMID: 37167968; PMCID: PMC10524518.

Miris E, Alici YH, Kocak OM. «Functional Connectivity in Rumination: A Systematic Review of Magnetic Resonance Imaging Studies». *J Clin Exp Neuropsychol.* 2023 Nov; 45 (9): 928-955. doi: 10.1080/13803395.2024.2315312. Epub 2024 Feb 12. PMID: 38346167.

Murphy ER, Barch DM, Pagliaccio D, Luby JL, Belden AC. «Functional Connectivity of the Amygdala and Subgenual Cingulate during Cognitive Reappraisal of Emotions in Children with MDD History Is Associated with Rumination». *Dev. Cogn. Neurosci.* 2016 Apr; 18:89-100. doi: 10.1016/j.dcn.2015.11.003. Epub 2015 Nov 28. PMID: 26746624; PMCID: PMC4834229.

Murray L, Jaffe NM, Tierney AO, Pidvirny K, Balkind EG, Abbasi BS, Brown M, Webb CA. «Brain Mechanisms of Rumination and Negative Self-Referential Processing in Adolescent Depression». *J Affect Disord.* 2024 Dec 1; 366: 83-90. doi: 10.1016/j.jad.2024.08.114. Epub 2024 Aug 25. PMID: 39191310; PMCID: PMC11468901.

Nolen-Hoeksema S, Wisco BE, Lyubomirsky S. «Rethinking Rumination». *Perspect Psychol Sci.* 2008 Sep; 3 (5): 400-24. doi: 10.1111/j.1745-6924.2008.00088.x. PMID: 26158958.

Raffaelli Q, Mills C, de Stefano NA, Mehl MR, Chambers K, Fitzgerald SA, Wilcox R, Christoff K, Andrews ES, Grilli MD, O'Connor MF, Andrews-Hanna JR. «The Think Aloud Paradigm Reveals Differences in the Content, Dynamics and Conceptual Scope of Resting State Thought in Trait Brooding». *Sci Rep.* 2021 Sep 30; 11 (1): 19362. doi: 10.1038/s41598-021-98138-x. PMID: 34593842; PMCID: PMC8484343.

Ramli NZ, Yahaya MF, Mohd Fahami NA, Abdul Manan H, Singh M, Damanhuri HA. «Brain Volumetric Changes in Menopausal Women and Its Association with Cognitive Function: A Structured Review». *Front Aging Neurosci.* 2023 Sep 25; 15: 1158001. doi: 10.3389/fnagi.2023.1158001. PMID: 37818479; PMCID: PMC10561270.

Scaini S, Palmieri S, Caselli G, Nobile M. «Rumination Thinking in Childhood and Adolescence: A Brief Review of Candidate Genes». *J Affect Disord.* 2021 Feb 1; 280 (Pt A): 197-202. doi: 10.1016/j.jad.2020.11.008. Epub 2020 Nov 7. PMID: 33217702.

Scott AJ, Webb TL, Martyn-St James M, Rowse G, Weich S. «Improving Sleep Quality Leads to Better Mental Health: A Meta-Analysis of Randomised Controlled Trials». *Sleep Med Rev.* 2021 Dec; 60: 101556. doi: 10.1016/j.smrv.2021.101556. Epub 2021 Sep 23. PMID: 34607184; PMCID: PMC8651630.

Seabrook LT, Borgland SL. «The Orbitofrontal Cortex, Food Intake and Obesity». *J Psychiatry Neurosci.* 2020 Sep 1; 45 (5): 304-312. doi: 10.1503/jpn.190163. PMID: 32167268; PMCID: PMC7850155.

Spasojević J, Alloy, LB. «Who becomes a Depressive Ruminator? Developmental Antecedents of Ruminative Response Style». *Journal of Cognitive Psychotherapy,* 2002; 16 (4): 405-419. doi: 10.1891/088983902780935713

Sripada C, Taxali A. «Structure in the Stream of Consciousness: Evidence from a Verbalized Thought Protocol and Automated Text Analytic Methods». *Conscious Cogn.* 2020 Oct; 85: 103007. doi: 10.1016/j.concog.2020.103007. Epub 2020 Sep 22. PMID: 32977240.

Stelmach-Lask L, Glebov-Russinov I, Henik A. «What Is High Rumination?». *Acta Psychol (Amst).* 2024 Aug; 248: 104331. doi: 10.1016/j.actpsy.2024.104331. Epub 2024 Jun 15. PMID: 38878469

Tan HE, Sisti AC, Jin H, Vignovich M, Villavicencio M, Tsang KS, Goffer Y, Zuker CS. «The Gut-Brain Axis Mediates Sugar Preference». *Nature*. 2020 Apr; 580 (7804): 511-516. doi: 10.1038/s41586-020-2199-7. Epub 2020 Apr 15. PMID: 32322067; PMCID: PMC7185044.

Tani Y, Koyama Y, Doi S, Sugihara G, Machida M, Amagasa S, Murayama H, Inoue S, Fujiwara T, Shobugawa Y. Association between gratitude, the brain and cognitive function in older adults: Results from the NEIGE study. Arch Gerontol Geriatr. 2022 May-Jun;100:104645. doi: 10.1016/j.archger.2022.104645. Epub 2022 Jan 30. PMID: 35123174.

van den Burg EH, Hegoburu C. «Modulation of Expression of Fear by Oxytocin Signaling in the Central Amygdala: From Reduction of Fear to Regulation of Defensive Behavior Style». *Neuropharmacology*. 2020 Aug 15; 173: 108130. doi: 10.1016/j.neuropharm.2020.108130. Epub 2020 May 8. PMID: 32389750.

van der Velden AM, Scholl J, Elmholdt EM, Fjorback LO, Harmer CJ, Lazar SW, O'Toole MS, Smallwood J, Roepstorff A, Kuyken W. «Mindfulness Training Changes Brain Dynamics During Depressive Rumination: A Randomized Controlled Trial». *Biol Psychiatry*. 2023 Feb 1; 93 (3): 233-242. doi: 10.1016/j.biopsych.2022.06.038. Epub 2022 Jul 22. PMID: 36328822.

Van der Weel FRR, Van der Meer ALH. «Handwriting but not Typewriting Leads to Widespread Brain Connectivity: A High-Density EEG Study with Implications for the Classroom». *Front Psychol*. 2024 Jan 26; 14: 1219945. doi: 10.3389/fpsyg.2023.1219945. PMID: 38343894; PMCID: PMC10853352.

van Staalduinen EK, Zeineh MM. «Medial Temporal Lobe Anatomy». *Neuroimaging Clin N Am*. 2022 Aug; 32 (3): 475-489. doi: 10.1016/j.nic.2022.04.012. PMID: 35843657.

Watkins ER, Roberts H. «Reflecting on rumination: Consequences, causes, mechanisms and treatment of rumination». *Behav Res Ther*. 2020 Apr; 127: 103573. doi: 10.1016/j.brat.2020.103573. Epub 2020 Jan 31. PMID: 32087393.

Wegner DM, Schneider DJ, Carter SR 3rd, White TL. «Paradoxical Effects of Thought Suppression». *J Pers Soc Psychol*. 1987 Jul; 53 (1): 5-13. doi: 10.1037//0022-3514.53.1.5. PMID: 3612492.

Wong SMY, Chen EYH, Lee MCY, Suen YN, Hui CLM. «Rumination as a Transdiagnostic Phenomenon in the 21st Century: The Flow Model of Rumination». *Brain Sci*. 2023 Jul 8; 13 (7): 1041. doi: 10.3390/brainsci13071041. PMID: 37508974; PMCID: PMC10377138.

Zhou HX, Chen X, Shen YQ, Li L, Chen NX, Zhu ZC, Castellanos FX, Yan CG. «Rumination and the Default Mode Network: Meta-Analysis of Brain Imaging Studies and Implications for Depression». *Neuroimage*. 2020 Feb 1; 206: 116287. doi: 10.1016/j.neuroimage.2019.116287. Epub 2019 Oct 23. PMID: 31655111.

Zoccola PM, Dickerson SS. «Assessing the Relationship between Rumination and Cortisol: A Review». *J Psychosom Res*. 2012 Jul; 73 (1): 1-9. doi: 10.1016/j.jpsychores.2012.03.007. Epub 2012 May 15. PMID: 22691553.

Notas del lector

Aquí puedes crear tu propio kit de primeros auxilios para la mente, escribiendo las técnicas más efectivas para ti.